内 容 简 介

不确定性决策是决策者在主客观双重不确定性因素的制约下对复杂问题所进行的决策.不确定性决策理论属于自然科学和社会科学交叉的学科领域.

本书系统地阐述了不确定性定量表示方法、不确定性决策的原理和方法、量子理论的思想和方法,以及作者所提出的不确定性决策的量子理论、量子遗传编程算法、不确定性决策量子理论的进化算法及其应用.

本书对不确定性决策理论的发展做出了贡献,具有广泛的应用前景.

图书在版编目(CIP)数据

不确定性决策的量子理论与算法/辛立志,辛厚文著.—合肥:中国科学技术大学出版社,2023.10

(量子科学出版工程.第四辑)

国家出版基金项目

"十四五"国家重点出版物出版规划重大工程

安徽省文化强省建设专项资金项目

ISBN 978-7-312-05795-3

Ⅰ.不… Ⅱ.①辛… ②辛… Ⅲ.量子论 Ⅳ.O413

中国国家版本馆 CIP 数据核字(2023)第 192057 号

不确定性决策的量子理论与算法
BUQUEDINGXING JUECE DE LIANGZI LILUN YU SUANFA

出版	中国科学技术大学出版社 安徽省合肥市金寨路 96 号,230026 http://press.ustc.edu.cn https://zgkxjsdxcbs.tmall.com
印刷	合肥华苑印刷包装有限公司
发行	中国科学技术大学出版社
经销	全国新华书店
开本	787 mm×1092 mm 1/16
印张	12.75
字数	264 千
版次	2023 年 10 月第 1 版
印次	2023 年 10 月第 1 次印刷
定价	58.00 元

"十四五"国家重点出版物出版规划重大_
量子科学出版工程（第四辑）

国家出版基金项目
NATIONAL PUBLICATION FOUNDATION

Quantum Theory

and Algorithms for

Uncertain Decision-Making

辛立志　辛厚文　著

不确定性决策的
量子理论与算法

中国科学技术大学出版社

前言

　　无论是在日常的经济活动和社会生活中,还是在科学和工程技术实践中,人们都面临着大量简单或复杂的不确定性决策问题.不确定性决策的核心内涵是决策者在客观环境和主观认知过程中双重不确定性条件下,决定达到决策目标的策略.不确定性决策理论是在归纳大量决策实践的基础上,对不确定性决策过程所遵循的基本规律的认识,并构建出客观可靠和有效的算法.不确定性决策理论的作用是解释过去,阐明现在和预测未来.目前,不确定性决策过程是否存在着普适性的基本规律和算法,依然是一个悬而未决的问题.构建普适性的不确定性决策理论,面临着许多难题,其中,需要解决的重要科学问题如下:

　　(1) 确定性和不确定性是同一个现实世界的不同层面,都是客观存在的:无论是自然界还是人类社会的秩序和有效运转,都依赖于各种具体事物和关系的确定性存在,这是确定性价值所在.确定性是在一定条件下才呈现出来的,具有相对性.不确定性是客观世界的基本属性,具有绝对性.不确定性不断突破现有的确定性事物和关系,产生出新的确定性事物和关系,它是客观世界得以不断发展和进化的驱动力,可以说,没有不确定性的作用,无论是自然界还是人类社会都会失去生命力.因此,在构建不确定性决策理论时,必须全面分析和表达不确定性和确定性的相互关系,以及不确定性对确定性事物和关系突破所起到的消极作用和积极作用,如此,才能充分反映不确定性对决策过程的作用.

(2) 在不确定性决策问题中,决策者和客观环境是一个统一的整体.它们在主客观双重不确定性条件下,共同决定了决策结果.只有构建出客观环境的状态空间与决策者的策略空间的统一的表达形式,才能够构建出统一表达状态空间和策略空间到决策结果的映射关系,即构建出不确定性决策问题的效用函数的形式化表示方法,从而有利于客观环境和决策者认知过程相统一的完整的不确定性决策理论的形成和发展.

(3) 不确定性决策理论属于自然科学和社会科学交义的学科领域.自然科学理论是以原子、分子等无生命个体及其集合作为研究对象的.这些个体之间的相互关系可以用各种作用力来描述.它们与客观环境之间的关系,通常用边界条件和初始条件来描述.它们在个体与客观环境之间双重作用力的驱动下进行演化,其演化的动力学规律可表达为"微分方程+边界条件(及初始条件)"的数学形式.对于绝大多数自然科学技术问题,都可以通过求解其动力学方程而获得结果.社会科学理论是以人及其群体,或者说以智能个体以及群体,作为研究对象的.社会科学理论相对于自然科学理论而言,呈现出若干更加复杂而难以解决的科学问题,其中包括:智能个体之间的相互关系,不再可能用作用力来描述,而是由信息相互关联在一起;智能个体与客观环境之间的关系,不再可能用边界条件来描述,而是属于适应性关系;对于不确定性决策问题,由于它们是在主客观双重不确定性条件下,在决策者之间以及决策者与客观环境之间双重驱动下所进行的动态演化,不再可能表达为"微分方程+边界条件"的动力学数学形式,而只能表达为结构化和层次化的计算程序的算法,利用这种算法可以获得不确定性决策问题的决策结果.显然,构建的不确定性决策理论的普适化程度与这些科学问题的解决程度密切相关.

(4) 目前,科学研究的方法从理论、实验、计算发展到大数据时代.数据是对研究对象的真实性质中可观测到结果的呈现.由于技术的进步,数据收集、储存、处理的能力有了很大的提升,科学研究已经能够进行真实而非仿真的大数据的全域搜索.这意味着人类已经具有了贴近描述现实世界的能力,已经能够对事物进行"足够意义"上的客观描述.通过模式识别、拟合数据结果等技术,可以挖掘出大数据中所包含着的客观规律.这已经成为当今时代发现科学规律的最可靠和最有效的方法.同时,研究方法从理论、实验、计算到大数据时代的发展,也表明科学研究的方法更加普适化.因此,结合不确定性决策问题,发展出相应的大数据技术,更加有利于提高不确定性决策理论的客观性、可靠性和算法的普适性.

大量历史事实表明：构建和发展不确定性决策理论的历程，就是人们不断从自然科学特别是物理学中引入新的科学思想和方法，创造性地解决上述难题或科学问题的过程.到目前为止，已形成或正在形成过程中的不确定性决策理论包含有不确定性决策的经典理论、统计理论、复杂性理论和量子理论等.这些不确定性决策理论，都从不同的侧面对解决构建和发展不确定性决策理论的上述科学技术问题，作出了不同程度的贡献.我们在总结前人工作的基础上，利用量子理论思想和方法、遗传编程进化算法、机器学习和大数据技术等相结合的方法，所构建的"不确定性决策的量子理论和算法"，对于全面解决上述科学技术问题，探索了一条新的途径.

本书系统地阐述了不确定性的定量表示方法、不确定性决策的原理和方法、量子理论的思想和方法，以及作者所提出的不确定性决策的量子理论、量子遗传编程算法、不确定性决策量子理论的进化算法及其应用，对不确定性决策理论的发展作出了贡献，具有广泛的应用前景.

本书前三章属于基础知识部分，后三章属于作者研究成果部分，在此对研究工作中参考的相关文献的作者表示感谢.同时，对本书被纳入"量子科学出版工程"，以及中国科学技术大学出版社为出版本书所付出的工作和大力支持表示感谢.

不确定性决策问题，涉及许多学科领域，由于作者知识有限，本书内容若有不足之处，敬请指正.

作　者

2023 年 5 月

于中国科学技术大学

目录

第 2 章

不确定性决策的原理和方法 —— 033

第 3 章

量子理论的思想和方法 —— 073

第6章

不确定性决策量子理论的进化算法及其应用 —— 149

第1章

不确定性定量表示方法

1.1　引言

不确定性产生的原因多种多样,其表现形式也各有不同,主要有随机性、模糊性、非完备性等.它们从事物的不同属性出发,描述了不确定性的本质.

在不确定性决策问题中,通常用自然语言描述其所涉及的各类不确定性因素.为了建立不确定性问题的数学模型,首先必须把自然语言描述的不确定性因素转变为可用实数度量的表示形式,从而对不确定性的程度,进行定量的测度.在数学测度论中,测度是一个函数:它把问题变量所组成的集合映射到实数域.不确定性定量表示方法就是各类不确定性所具有的测度函数的具体形式.

在本章中,我们着重阐述随机不确定性、模糊不确定性、非完备不确定性的内涵,测度函数形式和运算性质.

1.2 随机不确定性

1.2.1 随机性的本质

随机性是指某一事件是否发生的属性.比如,抛掷一枚硬币事件,每次抛掷的结果是不确定的.但抛掷事件只能有正面和反面两种状态是确定的.一般而言,随机事件指的是在一定条件下,对某一事件发生的可能性进行观测时,每次观测结果具有一定偶然性.但进行大量重复观测的结果呈现某种必然性.因此,随机性的本质是表征事件发生的偶然性和必然性的对立统一的属性.哲学上,偶然性与必然性的对立统一规律是指,必然性与偶然性是同时存在的;必然性存在于偶然性中,它通过大量的偶然性表现出来;在一定条件下,偶然性与必然性可相互转化.

概率论是随机性定量表示方法的数学基础,其中包括随机事件的概率、随机变量的概率分布、随机变量的数值特征、多维随机变量的联合和条件概率分布等.

1.2.2 随机事件的概率

对随机事件进行观测时,所有可能的观测结果构成的集合,称为样本空间,记为 Ω.每一种观测结果为样本空间的样本点,记为 ω.只包含一个样本点的样本空间(单点集)所对应的随机事件称为基本事件.不包含任何样本点的样本空间(空集)所对应的随机事件称为不可能事件.包含所有样本点的样本空间所对应的事件称为必然事件.若 A 是样本空间 Ω 的子集,即 $A \in \Omega$,则 A 可定义为一个随机事件.

若 A 为随机事件,重复观测 n 次,A 事件发生的次数为 $n(A)$,则定义

$$f_n(A) = \frac{n(A)}{n} \tag{1.1}$$

为随机事件发生的相对频率.当观测次数 $n \to \infty$ 时,事件 A 发生的相对频率 $f_n(A)$ 的极

限 $P(A)$,定义为发生随机事件 A 的概率,即

$$f_n(A) \rightarrow P(A) \tag{1.2}$$

随机事件的概率 $P(A)$ 具有如下的运算性质:

非负性:

$$P(A) \geqslant 0 \tag{1.3}$$

归一性:

$$P(\Omega) = 1 \tag{1.4}$$

可加性:若 A 和 B 是两个独立随机事件,即 $A \bigcap B = \varnothing$,则有

$$P(A + B) = P(A) + P(B) \tag{1.5}$$

一般来说,若 $A_1, A_2, \cdots, A_m$ 为相互独立的随机事件,则有

$$P(A_1 + A_2 + \cdots + A_m) = \sum_{l=1}^{m} P(A_l) \tag{1.6}$$

若用 $\mathscr{F}$ 表示样本空间 Ω 中某些随机事件 $A_1, A_2, \cdots, A_m$ 的集合,称为事件域,则由样本空间 Ω、事件 $\mathscr{F}$ 和相应概率 P 构成的空间 $(\Omega, \mathscr{F}, P)$,称为概率空间.

1.2.3 随机变量的概率分布

样本空间 Ω 是所有可能观测结果的集合,这些观测结果通常是用自然语言定性描述的,即样本空间 Ω 中的元素 ω 不是数量.为了对样本空间 Ω 中的元素 ω 进行定量描述,需要建立一个从样本空间 Ω 到实数域 $\mathbf{R}$ 的映射变换 X,即

$$X: \Omega \rightarrow \mathbf{R}$$

从而使样本空间的元素 ω,可用具有实数值的变量来表征.通常,定义映射变换 $X(\omega)$ 为随机变量.例如,掷一枚硬币可能有的两种结果,分别用 ω_1 和 ω_2 表示,则样本空间 $\Omega = \{\omega_1, \omega_2\}$.引入映射变换 $X(\omega)$,使 $X(\omega_1) = 1, X(\omega_2) = 0$,则 X 为取值 $(1,0)$ 的随机变量.如此,分别用定性语言正面和反面描述的 ω_1 和 ω_2 两种观测结果,就转换为用随机变量 X 的实数值"1"和"0"的定量表示.

随机变量的取值为有限个离散值时,称其为离散型随机变量.若随机变量 X 的取值为 $x_1, x_2, \cdots, x_n$,则相应于每个取值的概率 $p_1, p_2, \cdots, p_n$ 所组成的序列,称为随机变量

X 的概率分布,也可用如下列表形式来表示:

$$
\begin{array}{c|cccc}
X & x_1 & x_2 & \cdots & x_n \\
\hline
P & p_1 & p_2 & \cdots & p_n
\end{array}
\tag{1.7}
$$

常用离散型随机变量的概率分布,有如下 3 种类型:

1. (0,1)两点分布

一项试验,有成功和失败两种可能,随机变量可取值为

$$
X = \begin{cases} 1, & 成功 \\ 0, & 失败 \end{cases}
\tag{1.8}
$$

相应概率分布的具体形式为

$$
\begin{array}{c|cc}
X & 0 & 1 \\
\hline
P & q = 1 - p & p
\end{array}
\tag{1.9}
$$

从而称此类随机变量 X 服从概率为(0,1)的两点分布.

2. 二项分布

独立重复做同一个试验 n 次,每次都可能成功,也可能失败,成功率为 p,用 λ 表示成功的次数,则随机变量 X 的概率分布,可表达为

$$
P(X = k) = C_n^k p^k q^{n-k}, \quad k = 0,1,2,\cdots,n
\tag{1.10}
$$

其中,$q = 1 - p$.通常称这类分布为具有参数(n,p)的二项分布,记为 $X \sim B(n,p)$.

3. 泊松分布

随机变量 X 的概率分布可表达为

$$
P(X = k) = \mathrm{e}^{-\lambda} \frac{\lambda^k}{k!}, \quad k = 0,1,2,\cdots,n
\tag{1.11}
$$

其中 $\lambda > 0$,称此类分布为具有参数 λ 的泊松分布,记为 $X \sim P(\lambda)$.

4. 幂律分布

随机变量 X 的概率分布可表达为

量子科学出版工程(第四辑)
Quantum Science Publishing Project (Ⅳ)

不确定性决策的量子理论与算法
Quantum Theory and Algorithms for Uncertain Decision-Making

$$P(X = k) = \frac{C}{k^\alpha}, \quad k = 1, 2, \cdots, n \tag{1.12}$$

其中

$$C = \left(\sum_{k=1}^{\infty} \frac{1}{k^\alpha} \right)^{-1} \tag{1.13}$$

称此类分布为幂律分布,这种幂律分布具有无尺度依赖性的变换性质:对任意自然数 a,使得

$$P(X = ak) = \frac{1}{a^\alpha} P(X = k) \tag{1.14}$$

因此,可用于描述具有尺度对称性的随机演化网络.

随机变量取值为连续值时,称其为连续型随机变量.连续型随机变量的概率分布,称为概率密度函数 $f(x)$.常用的连续型随机变量的概率密度函数 $f(x)$,有如下 3 种类型:

1. 均匀分布

若随机变量 X 的取值为 (a, b),概率密度函数 $f(x)$ 的形式为

$$f(x) = \begin{cases} \dfrac{1}{b - a}, & a < x < b \\ 0, & \text{其他} \end{cases} \tag{1.15}$$

则称随机变量 X 服从区间 (a, b) 上的均匀分布,记为 $X \sim U(a, b)$.

2. 指数分布

若随机变量 X 的概率密度函数 $f(x)$ 的形式为

$$f(x) = \begin{cases} \lambda \mathrm{e}^{-\lambda x}, & x \geqslant 0 \\ 0, & x < 0 \end{cases} \tag{1.16}$$

其中,$\lambda > 0$,则称随机变量 X 服从参数为 λ 的指数分布,记为 $X \sim \varepsilon(x)$.

3. 正态分布

若随机变量 X 的概率密度函数 $f(x)$ 的形式为

$$f(x) = \frac{1}{\sigma \sqrt{2\pi}} \mathrm{e}^{-\frac{(x-\mu)^2}{2\sigma^2}} \tag{1.17}$$

则称随机变量 X 服从参数为 (μ, σ^2) 的正态分布,记为 $X \sim N(\mu, \sigma^2)$. 若取参数 $\mu = 0, \sigma^2 = 1$,称其为标准正态分布,记为 $X \sim N(0, 1)$.

1.2.4　随机变量的期望值和方差

随机变量的期望值和方差是随机变量概率分布的两个重要的数值特征,在随机不确定性问题中有着广泛的应用.

1. 随机变量的期望值

若离散型随机变量 X 的取值为 $x_1, x_2, \cdots, x_n$,相应的概率 P 为 $p_1, p_2, \cdots, p_n$,则随机变量 X 的期望值 $E(X)$ 等于其加权平均值,即

$$E(X) = \sum_k x_k p_k \tag{1.18}$$

若 X 为连续型随机变量,其概率密度函数为 $f(x)$,则随机变量期望值 $E(X)$ 可表达为

$$E(X) = \int_{-\infty}^{+\infty} x f(x) \mathrm{d}x \tag{1.19}$$

通过随机变量 X 常用的一些概率分布,不难得到它们的期望值 $E(X)$:

两点分布:

$$E(X) = 1 \times p + 0 \times (1 - p) = p \tag{1.20}$$

二项分布:

$$E(X) = \sum_{k=0}^{n} C_n^k p^k (1 - p)^{n-k} = np \tag{1.21}$$

泊松分布:

$$E(X) = \sum_{k=0}^{\infty} k \mathrm{e}^{-\lambda} \frac{\lambda^k}{k!} = \lambda \tag{1.22}$$

指数分布:

$$E(X) = \int_{0}^{+\infty} x \lambda \mathrm{e}^{-\lambda x} \mathrm{d}x = \frac{1}{\lambda} \tag{1.23}$$

正态分布：

$$E(X) = \int_{-\infty}^{+\infty} x \frac{1}{\sigma \sqrt{2\pi}} e^{-\frac{(x-\mu)^2}{2\sigma^2}} dx = \mu \qquad (1.24)$$

2. 随机变量的方差

若 X 为随机变量，$E(X)$ 为期望值，则随机变量 X 的方差 $D(X)$ 定义为

$$D(X) = E\{[X - E(X)]^2\} \qquad (1.25)$$

称 $\sigma = \sqrt{D(X)}$ 为 X 的标准差. 由此定义可知，方差描述了随机变量 X 与其期望值 $E(X)$ 的平均离差的程度. 方差的本质是对随机变量的随机程度的一种度量.

对于离散型随机变量 X，计算方差的公式为

$$D(X) = \sum_i [x_i - E(X)]^2 p_i \qquad (1.26)$$

若 X 为连续型随机变量，则计算方差的公式为

$$D(X) = \int [x - E(X)]^2 f(x) dx \qquad (1.27)$$

利用方差的计算公式，不难得到常用概率分布的方差如下：

二项分布：

$$D(X) = np(1 - p) \qquad (1.28)$$

泊松分布：

$$D(X) = \lambda \qquad (1.29)$$

正态分布：

$$D(X) = \sigma^2 \qquad (1.30)$$

1.2.5　多维随机变量的概率分布

在许多不确定性决策的实际问题中，同时存在多种随机因素. 若每种随机因素的观测结果分别用 $\Omega_1, \Omega_2, \cdots, \Omega_n$ 表示，则可构成 n 维样本空间 $\Omega = \Omega_1 \times \Omega_2 \times \cdots \times \Omega_n$. 为了

对 n 维样本空间 Ω 中的元素 $\omega = (\omega_1, \omega_2, \cdots, \omega_n)$ 进行定量描述,也需要建立一个从样本空间 Ω 到实数域 $\mathbf{R}$ 的 n 维映射变换 $X(\omega) = [X(\omega_1), X(\omega_2), \cdots, X(\omega_n)]$,即

$$X(\omega): \Omega \to \mathbf{R} \tag{1.31}$$

则称映射变换 $X(\omega)$ 为多维随机变量.多维随机变量的概率分布,具有一些新的特征,其中包括联合分布、条件分布和独立同分布等.

1. 多维随机变量的联合分布

对于二维离散型随机变量 (X, Y),若 (X, Y) 的所有可能取值为

$$(x_i, y_j), \quad i = 1, 2, \cdots, n, j = 1, 2, \cdots, m$$

并且,联合概率 p_{ij} 定义为

$$p_{ij} = p(x_i, y_j) = P(X = x_i, Y = y_j) \tag{1.32}$$

则二维离散型随机变量 (X, Y) 的联合概率分布,可表达为如下形式:

X \ Y	y_1	y_2	$\cdots$	y_m
x_1	p_{11}	p_{12}	$\cdots$	p_{1m}
x_2	p_{21}	p_{22}	$\cdots$	p_{2m}
$\vdots$	$\vdots$	$\vdots$		$\vdots$
x_n	p_{n1}	p_{n2}	$\cdots$	p_{nm}

由此列表可知,联合概率分布具有如下性质:

$$1 \geqslant p_{ij} \geqslant 0 \tag{1.33}$$

$$\sum_{i,j} p_{ij} = 1 \tag{1.34}$$

$$p_i = P(X = x_i) = \sum_j p_{ij} \tag{1.35}$$

$$p_j = P(Y = y_j) = \sum_i p_{ij} \tag{1.36}$$

一般来说,对于 n 维离散型随机变量 $X = (X_1, X_2, \cdots, X_n)$,联合概率 $p_{i_1, i_2, \cdots, i_n}$ 定义为

$$p_{i_1, i_2, \cdots, i_n} = P(X_1 = x_{i_1}, X_2 = x_{i_2}, \cdots, X_n = x_{i_n}) \tag{1.37}$$

则其联合概率分布由所有 $p_{i_1, i_2, \cdots, i_n}$ 构成的集合 $\{p_{i_1, i_2, \cdots, i_n}\}$ 描述.

对于 n 维连续型随机变量,其联合分布函数 $F(x_1, x_2, \cdots, x_n)$ 可表达为如下积分

不确定性决策的量子理论与算法
Quantum Theory and Algorithms for Uncertain Decision-Making

形式：

$$F(x_1, x_2, \cdots, x_n) = \int_{-\infty}^{x_1} \cdots \int_{-\infty}^{x_n} f(t_1, t_2, \cdots, t_n) \mathrm{d}t_1 \cdots \mathrm{d}t_n \tag{1.38}$$

称 $f(x_1, x_2, \cdots, x_n)$ 为联合概率密度函数.

2. 多维随机变量的条件分布

对于二维离散型随机变量 (X, Y)，在已知 $X = x_i$ 的条件下，$Y = y_j$ 的条件概率 $P_Y(y_j | x_i)$ 定义为

$$
\begin{aligned}
P_Y(y_j \mid x_i) &= P(Y = y_j \mid X = x_i) \\
&= \frac{p_{ij}}{p_i} = \frac{p(x_i, y_j)}{p_X(x_i)}
\end{aligned} \tag{1.39}
$$

其中，$p_X(x_i) = p_i$ 是边缘概率分布，且 $p_X(x_i) > 0$. 一般来说，对于 n 维离散型随机变量 $X = (X_1, X_2, \cdots, X_n)$，在已知 $X_{k+1} = x_{k+1}, \cdots, X_n = x_n$ 的条件下，$(X_1, \cdots, X_k)$ 的条件概率定义为

$$
\begin{aligned}
&P(X_1 = x_1, \cdots, X_k = x_k \mid X_{k+1} = x_{k+1}, \cdots, X_n = x_n) \\
&= \frac{P(X_1 = x_1, \cdots, X_k = x_k, \cdots, X_n = x_n)}{P(X_{k+1} = x_{k+1}, \cdots, X_n = x_n)}
\end{aligned} \tag{1.40}
$$

其中，要求 $P(X_{k+1} = x_{k+1}, \cdots, X_n = x_n) > 0$.

对于二维连续型随机变量 (X, Y)，在已知 $X = x$ 的条件下，$Y = y$ 的概率密度函数 $f_Y(y | x)$ 定义为

$$f_Y(y \mid x) = \frac{f(xy)}{f_X(x)} \tag{1.41}$$

其中

$$f_X(x) = \int_{-\infty}^{+\infty} f(xy) \mathrm{d}y \tag{1.42}$$

称为边缘分布函数，要求 $f_X(x) > 0$. 一般来说，对于 n 维连续型随机变量 $X = (X_1, X_2, \cdots, X_n)$，在已知 $X_{k+1} = x_{k+1}, \cdots, X_n = x_n$ 的条件下，$(X_1, \cdots, X_k)$ 的条件概率密度函数定义为

$$f(X_1 = x_1, \cdots, X_k = x_k \mid X_{k+1} = x_{k+1}, \cdots, X_n = x_n)$$

$$= \frac{f(X_1 = x_1, \cdots, X_k = x_k, \cdots, X_n = x_n)}{f(X_{k+1} = x_{k+1}, \cdots, X_n = x_n)} \tag{1.43}$$

其中,要求 $f(X_{k+1} = x_{k+1}, \cdots, X_n = x_n) > 0$.

3. 多维随机变量的独立同分布

一般来说,对于一个实际不确定性决策问题,各种随机因素之间是相互影响的,即描述各种随机因素的随机变量之间是相互关联的而不是相互独立的.一个具体的实际问题,其相互关联的方式,可由约束条件描述,约束条件在数学模型中可用等式或不等式等形式来表示.

若多维离散型随机变量 $X = (X_1, X_2, \cdots, X_n)$ 中各个分量之间是相互独立的,则其联合概率分布 $P(X_1, X_2, \cdots, X_n)$ 可表达其各个分量的概率分布 $P(X_k)$ 的乘积形式,即

$$P(X_1, X_2, \cdots, X_n) = \prod_{k=1}^{n} P(X_k) \tag{1.44}$$

对于多维连续型随机变量,若各分量 $X_1, X_2, \cdots, X_n$ 之间相互独立,则其联合概率密度函数 $f(x_1, x_2, \cdots, x_n)$ 也表达为其各分量的概率密度函数 $f(x_k)$ 的乘积形式,即

$$f(x_1, x_2, \cdots, x_n) = \prod_{k=1}^{n} f(x_k) \tag{1.45}$$

例如,若二维随机变量 (X, Y) 的两个分量不但是相互独立的,而且都服从正态分布,即二者独立同分布,则可得到其联合概率密度函数为

$$f(x, y) = \frac{1}{2\pi\sigma_1\sigma_2 \sqrt{1-\rho^2}} \mathrm{e}^{-\frac{1}{2(1-\rho^2)} \left[\frac{(x-\mu_1)^2}{\sigma_1^2} - 2\rho \left(\frac{x-\mu_1}{\sigma_1} \right) \left(\frac{y-\mu_2}{\sigma_2} \right) + \frac{(y-\mu_2)^2}{\sigma_2^2} \right]} \tag{1.46}$$

这是具有参数 $\mu_1, \mu_2, \sigma_1^2, \sigma_2^2, \rho$ 的二维正态分布.由于 X 的边缘密度函数 $f_X(x)$ 具有如下具体形式:

$$f_X(x) = \int_{-\infty}^{+\infty} f(xy) \mathrm{d}y = \frac{1}{\sigma_1 \sqrt{2\pi}} \mathrm{e}^{-\frac{(x-\mu_1)^2}{2\sigma_1^2}} \tag{1.47}$$

则 Y 的条件概率密度函数 $f_Y(y \mid x)$,可具有如下形式:

$$f_Y(y \mid x) = \frac{f(xy)}{f_X(x)} = \frac{1}{\sqrt{2\pi} \sqrt{\sigma_2^2(1-\rho^2)}} \mathrm{e}^{-\frac{1}{2\sigma_2^2(1-\rho^2)} \left[y - \mu_2 - \frac{\rho\sigma_2}{\sigma_1}(x-\mu_1) \right]^2} \tag{1.48}$$

1.3 模糊不确定性

1.3.1 模糊性的本质

事件的不确定性有两种不同的表现形式:一种是事件是否发生的不确定性,称为随机性;另一种是事件本身状态的不确定性,称为模糊性.对随机性而言,事件是否发生是不确定的,但事件本身的状态是确定的.对模糊性而言,问题不在于事件是否发生,而在于事件本身的状态不分明,致使不同人观测同一事件会有不同的主观感受,因而得出不同的结论.例如,用自然语言"高与矮""大与小""远与近"来表示没有确切界限的一些概念,都可称为模糊概念.包含模糊概念的事件都属于模糊事件.模糊事件的重要特点是不服从哲学上的"非此即彼"的排中律,它可以是"亦此亦彼",甚至经常存在中间状态.因此,模糊性是一种事件内在结构的不确定性.模糊性广泛存在于现实生活中,尤其是在主观认知领域中,模糊性有着非常重要的作用.任何决策理论和方法都是建立在人类认知和人类活动的基础之上的,反映了人类对事物的评价和选择的思维过程.它不但涉及外在环境和诸多不确定性因素,而且也涉及心理、主观意愿和认知过程等内在因素,这些因素又大多具有模糊特征.因此,决策问题中的不确定性,既包含随机性成分,又往往表现为模糊性,或者模糊性与随机性并存.

模糊集理论是模糊不确定性定量表示方法的理论基础,其中包括模糊集及其隶属函数、模糊集的运算法则、模糊数及其运算、模糊变量及其可信性分布、模糊变量的期望值和多维模糊变量的联合可信性分布等.

1.3.2 模糊集及其隶属函数

经典集合论中的元素,要么属于这个集合,要么不属于这个集合,二者必居其一.在模糊集合论中,利用隶属函数来描述元素对集合属于程度的连续性过渡,即元素从属于集合到不属于集合的渐变过程.

模糊集合 $\widetilde{A}$ 所有元素 $\{x\}$ 构成模糊问题中的论域 X. 为了定量表示模糊集合中每个

元素 x 属于集合的程度,需要进行论域 X 到实数域 $[0,1]$ 的一种映射变换 $\mu_{\widetilde{A}}$,即

$$\mu_{\widetilde{A}}:X \rightarrow [0,1] \tag{1.49}$$

使

$$x \rightarrow \mu_{\widetilde{A}}(x) \tag{1.50}$$

称 $\mu_{\widetilde{A}}$ 为模糊集合 $\widetilde{A}$ 的隶属函数,而 $\mu_{\widetilde{A}}(x)$ 为 x 对模糊集合 $\widetilde{A}$ 的隶属度.

当论域 X 是有限集时,记为 $X = \{x_1, x_2, \cdots, x_n\}$,则模糊集合 $\widetilde{A}$ 可表达为

$$\widetilde{A} = \{(x_1, \mu_1), (x_3, \mu_2), \cdots, (x_n, \mu_n)\} \tag{1.51}$$

例如,某单位有 5 个成员,$X = \{x_1, x_2, x_3, x_4, x_5\}$ 属于模糊概念"年轻人"的程度,分别为 $\mu_1(x_1) = 0.4, \mu_2(x_2) = 0.7, \mu_3(x_3) = 0.4, \mu_4(x_4) = 0.9, \mu_5(x_5) = 1.0$,则"年轻人"模糊集 $\widetilde{A}$ 的表达式,可写为

$$\widetilde{A} = \{(x_1, 0.4), (x_2, 0.7), (x_3, 0.4), (x_4, 0.9), (x_5, 1.0)\}$$

当论域 X 是无限集,即 $X = \mathbf{R} = \{全体实数\}$ 时,模糊集合 $\widetilde{A}$ 是"X 中接近于 5 的"所有数构成的集合,其模糊性来源于自然语言"接近于"的模糊概念.此模糊集合 $\widetilde{A}$ 的隶属函数 $\mu_{\widetilde{A}}(x)$,可表达为

$$\mu_{\widetilde{A}}(x) = [1 + (x - 5)^2]^{-1}$$

则模糊集合 $\widetilde{A}$ 可表达为

$$\widetilde{A} = \{[x, \mu_{\widetilde{A}}(x)]\}, \quad x \in \mathbf{R} \tag{1.52}$$

在图 1.1 上给出了此模糊集合 $\widetilde{A}$ 的隶属函数 $\mu_{\widetilde{A}}(x)$ 的几何图形.

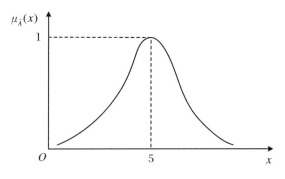

图 1.1　模糊集合 $\widetilde{A}$ 的隶属函数 $\mu_{\widetilde{A}}(x)$ 的几何图形

1.3.3 模糊集的运算法则

模糊集合中最基本的运算是并、交和余3种集合运算. 对于论域 X 上的两个模糊集 $\tilde{A}, \tilde{B}$ 的并、交和余运算, 分别定义如下:

(1) $\tilde{A}$ 和 $\tilde{B}$ 的并集 $\tilde{C} = \tilde{A} \cup \tilde{B}$, 也是 X 上的模糊集, 其隶属函数 $\mu_{\tilde{C}}(x)$ 的定义为

$$\mu_{\tilde{C}}(x) = \max\{\mu_{\tilde{A}}(x), \mu_{\tilde{B}}(x)\}, \quad \forall x \in X \tag{1.53}$$

(2) $\tilde{A}$ 和 $\tilde{B}$ 的交集 $\tilde{D} = \tilde{A} \cap \tilde{B}$, 也是 X 上的模糊集, 其隶属函数 $\mu_{\tilde{D}}(x)$ 的定义为

$$\mu_{\tilde{D}}(x) = \min\{\mu_{\tilde{A}}(x), \mu_{\tilde{B}}(x)\}, \quad \forall x \in X \tag{1.54}$$

(3) $\tilde{A}$ 的余集 $\tilde{A}^C$, 也是 X 上的模糊集, 其隶属函数 $\mu_{\tilde{A}^C}(x)$ 的定义为

$$\mu_{\tilde{A}^C}(x) = 1 - \mu_{\tilde{A}}(x), \quad \forall x \in X \tag{1.55}$$

例如, 以年龄 X 为论域, 可定义模糊概念"年老"的模糊集 $\tilde{O}$, 其隶属函数 $\mu_{\tilde{O}}(x)$ 可表达为

$$\mu_{\tilde{O}}(x) = \begin{cases} 0, & 0 \leqslant x \leqslant 50 \\ \left[1 + \dfrac{(x-50)^{-2}}{5}\right]^{-1}, & x > 50 \end{cases} \tag{1.56}$$

又定义模糊概念"年轻"的模糊集 $\tilde{Y}$, 其隶属函数 $\mu_{\tilde{Y}}(x)$ 可表达为

$$\mu_{\tilde{Y}}(x) = \begin{cases} 1, & 0 \leqslant x \leqslant 25 \\ \left[1 + \dfrac{(x-25)^2}{5}\right]^{-1}, & x > 25 \end{cases} \tag{1.57}$$

"年老或年轻"的模糊集相当于并集 $\tilde{O} \cup \tilde{Y}$, 其隶属函数 $\mu_{\tilde{O} \cup \tilde{Y}}(x)$ 可表达为

$$\mu_{\tilde{O} \cup \tilde{Y}}(x) = \begin{cases} 1, & 0 \leqslant x \leqslant 25 \\ \left[1 + \dfrac{(x-25)^2}{5}\right]^{-1}, & 25 < x \leqslant 50 \\ \left[1 + \dfrac{(x-50)^{-2}}{5}\right]^{-1}, & x > 50 \end{cases} \tag{1.58}$$

"年老又年轻"的模糊集相当于交集 $\tilde{O} \cap \tilde{Y}$, 其隶属函数 $\mu_{\tilde{O} \cap \tilde{Y}}(x)$ 可表达为

$$\mu_{\tilde{O} \cap \tilde{Y}}(x) = \begin{cases} 0, & 0 \leqslant x \leqslant 50 \\ \left[1 + \dfrac{(x-50)^{-2}}{5}\right]^{-1}, & 50 < x < 51 \\ \left[1 + \dfrac{(x-25)^2}{5}\right]^{-1}, & x \geqslant 51 \end{cases} \qquad (1.59)$$

而"不年轻"的模糊集相当于 $\tilde{Y}$ 的余集 $\tilde{Y}^c$,其隶属函数 $\mu_{\tilde{Y}^c}(x)$ 可表达为

$$\mu_{\tilde{Y}^c}(x) = \begin{cases} 0, & 0 \leqslant x \leqslant 25 \\ 1 \quad \left[1 + \dfrac{(x-25)^2}{5}\right]^{-1}, & x > 25 \end{cases} \qquad (1.60)$$

模糊集的并、交和余运算满足如下运算法则:

幂等律:

$$\tilde{A} \bigcup \tilde{A} = \tilde{A}, \quad \tilde{A} \bigcap \tilde{A} = \tilde{A} \qquad (1.61)$$

交换律:

$$\tilde{A} \bigcup \tilde{B} = \tilde{B} \bigcup \tilde{A}, \quad \tilde{A} \bigcap \tilde{B} = \tilde{B} \bigcap \tilde{A} \qquad (1.62)$$

结合律:

$$(\dot{A} \bigcup \tilde{B}) \bigcup \tilde{C} = \tilde{A} \bigcup (\tilde{B} \bigcup \tilde{C}) \qquad (1.63)$$

分配律:

$$\tilde{A} \bigcap (\tilde{B} \bigcup \tilde{C}) = (\tilde{A} \bigcap \tilde{B}) \bigcup (\tilde{A} \bigcap \tilde{C})$$
$$\tilde{A} \bigcup (\tilde{B} \bigcap \tilde{C}) = (\tilde{A} \bigcup \tilde{B}) \bigcap (\tilde{A} \bigcup \tilde{C}) \qquad (1.64)$$

吸收律:

$$(\tilde{A} \bigcup \tilde{B}) \bigcap \tilde{A} = \tilde{A}, \quad (\tilde{A} \bigcap \tilde{B}) \bigcup \tilde{A} = \tilde{A} \qquad (1.65)$$

复原律:

$$(\tilde{A}^c)^c = \tilde{A} \qquad (1.66)$$

对偶律:

$$(\tilde{A} \bigcup \tilde{B})^c = \tilde{A}^c \bigcap \tilde{B}^c, \quad (\tilde{A} \bigcap \tilde{B})^c = \tilde{A}^c \bigcup \tilde{B}^c \qquad (1.67)$$

模糊集隶属函数具有如下的运算类型:

代数和($\tilde{A} + \tilde{B}$):

$$\mu_{\tilde{A}+\tilde{B}}(x) = \mu_{\tilde{A}}(x) + \mu_B(x) \qquad (1.68)$$

代数积($\widetilde{A}\widetilde{B}$):

$$\mu_{\widetilde{A}\widetilde{B}}(x) = \mu_{\widetilde{A}}(x)\mu_{\widetilde{B}}(x) \tag{1.69}$$

幂乘($\widetilde{A}$)^n:

$$\mu_{(\widetilde{A})^n}(x) = \left[\mu_{\widetilde{A}}(x)\right]^n \tag{1.70}$$

有界和($\widetilde{A}\oplus\widetilde{B}$):

$$\mu_{\widetilde{A}\oplus\widetilde{B}}(x) = \min\{1, \mu_{\widetilde{A}}(x) + \mu_{\widetilde{B}}(x)\} \tag{1.71}$$

有界积($\widetilde{A}\otimes\widetilde{B}$):

$$\mu_{\widetilde{A}\otimes\widetilde{B}}(x) = \max\{0, \mu_{\widetilde{A}}(x) + \mu_{\widetilde{B}}(x) - 1\} \tag{1.72}$$

1.3.4　模糊数及其运算

由实数域 **R** 中的数作为元素所构成的集合中,若作为元素的数 N 具有确定值,则称其为清晰数;若作为元素的数没有确定值,具有模糊性特征,则称其为模糊数,记为 $\widetilde{N}$. 因此,模糊数 $\widetilde{N}$ 本质上是一种以实数作为元素的模糊集.

模糊数 $\widetilde{N}$ 的隶属函数 $\mu_{\widetilde{N}}(x)$,可表达为

$$\mu_{\widetilde{N}}(x) = \begin{cases} L(x), & l \leqslant x \leqslant m \\ R(x), & m \leqslant x \leqslant r \end{cases} \tag{1.73}$$

其几何图形如图 1.2 所示.

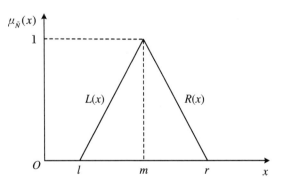

图 1.2　三角模糊数的几何图形表示

隶属函数 $\mu_{\tilde{N}}(x)$ 具有如下性质:

(1) 当 $x = m$ 时, $\mu_{\tilde{N}}(m) = 1$.

(2) 当 $l \leqslant x \leqslant m$ 时, $\mu_{\tilde{N}}(x) = L(x)$. 它是一个左连续的增函数, $0 \leqslant L(x) \leqslant 1$.

(3) 当 $m \leqslant x \leqslant r$ 时, $\mu_{\tilde{N}}(x) = R(x)$. 它是一个右连续的减函数, $0 \leqslant R(x) \leqslant 1$.

如果 $L(x)$ 和 $R(x)$ 均为线性函数, 则称 $\tilde{N}$ 为三角模糊数, 记为 $\tilde{N} = (l, m, r)$.

模糊集 $\tilde{A}$ 的 a 截集 A_a 是由满足 $\mu_{\tilde{A}}(x) > a$ 的所有 $x \in X$ 的实数元素构成的经典集, 记为 A_a, 即

$$A_a = \{x \mid x \in X, \mu_{\tilde{A}}(x) > a\} \tag{1.74}$$

例如,

$$X = \{1, 2, 3, 4, 5, 6\}$$
$$\tilde{A} = \{(1, 0.2), (2, 0.5), (3, 0.8), (4, 1.0), (5, 0.7), (6, 0.3)\}$$

若分别取 $a = 0.2, 0.5, 0.8, 1.0$, 则截集 A_a 分别由如下实数元素构成:

$$A_{0.2} = \{1, 2, 3, 4, 5, 6\}$$
$$A_{0.5} = \{2, 3, 4, 5\}$$
$$A_{0.8} = \{3, 4\}$$
$$A_{1.0} = \{4\}$$

设 $\tilde{M}$ 和 $\tilde{N}$ 为两个模糊数, 若用 m_a^L, n_a^L 和 m_a^R, n_a^R 分别表示模糊数 $\tilde{M}$ 和 $\tilde{N}$ 的 a 截集的左和右的边界, 则模糊数的二元运算法则如下:

模糊加法:

$$[\tilde{M}(+)\tilde{N}]_a = [m_a^L + n_a^L, m_a^R + n_a^R] \tag{1.75}$$

模糊减法:

$$[\tilde{M}(-)\tilde{N}]_a = [m_a^L - n_a^R, m_a^R - n_a^L] \tag{1.76}$$

模糊乘法:

$$[\tilde{M}(\times)\tilde{N}]_a = [m_a^L \times n_a^L, m_a^R \times n_a^R] \tag{1.77}$$

模糊除法:

$$[\tilde{M}(\div)\tilde{N}]_a = [m_a^L / n_a^R, m_a^R / n_a^L] \tag{1.78}$$

若 $\tilde{M} = (m_L, m, m_R)$ 和 $\tilde{N} = (n_L, n, n_R)$ 是三角模糊数, 则二者的和、差也是三角模糊数. 记为

$$\widetilde{M}(+)\widetilde{N} = (m_L + n_L, m + n, m_R + n_R) \tag{1.79}$$

$$\widetilde{M}(-)\widetilde{N} = (m_L - n_R, m - n, m_R - n_L) \tag{1.80}$$

若 $\widetilde{M}$ 和 $\widetilde{N}$ 是三角模糊数,它们的乘积 $\widetilde{M}(\times)\widetilde{N}$ 不一定是三角模糊数,如图1.3所示.由此示意图可以看到,$\widetilde{M}(\times)\widetilde{N}$ 的 $L(x)$ 和 $R(x)$ 都不再是直线,而是曲线.

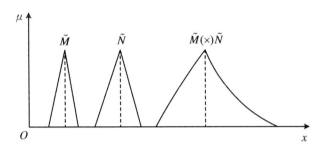

图1.3 两个模糊数乘积示意图

当两个模糊数 $\widetilde{M}$ 和 $\widetilde{N}$ 不相互包含时,还可以进行逻辑运算,即 $\widetilde{M}(\vee)\widetilde{N}$ 和 $\widetilde{M}(\wedge)\widetilde{N}$ 两种运算. $\widetilde{M}(\vee)\widetilde{N}$ 的并运算构成极大模糊数,即 $\max(\widetilde{M}, \widetilde{N})$. $\widetilde{M}(\wedge)\widetilde{N}$ 的交运算构成极小模糊数,即 $\min(\widetilde{M}, \widetilde{N})$. 它们相应的模糊极大隶属函数 $\mu_{\widetilde{M}(\vee)\widetilde{N}}(z)$ 和模糊极小隶属函数 $\mu_{\widetilde{M}(\wedge)\widetilde{N}}(z)$ 分别定义为

$$\mu_{\widetilde{M}(\vee)\widetilde{N}}(z) = \sup_{x,y:z=x\vee y} \max\{\mu_{\widetilde{M}}(x), \mu_{\widetilde{N}}(y)\} \tag{1.81}$$

和

$$\mu_{\widetilde{M}(\wedge)\widetilde{N}}(z) = \sup_{x,y:z=x\wedge y} \min\{\mu_{\widetilde{M}}(x), \mu_{\widetilde{N}}(y)\} \tag{1.82}$$

其中 $\forall x, y, z \in \mathbf{R}$. 另外,也可把上述逻辑运算表达为

$$\left[\widetilde{M}(\vee)\widetilde{N}\right]_a = \left[m_a^L \bullet m_a^R\right](\vee)\left[n_a^L \bullet n_a^R\right] = \left[m_a^L \vee n_a^L, m_a^R \vee n_a^R\right] \tag{1.83}$$

$$\left[\widetilde{M}(\wedge)\widetilde{N}\right]_a = \left[m_a^L \bullet m_a^R\right](\wedge)\left[n_a^L \bullet n_a^R\right] = \left[m_a^L \wedge n_a^L, m_a^R \wedge n_a^R\right] \tag{1.84}$$

1.3.5 模糊变量及其可信性分布

模糊集合 Ω 由 n 个元素 $\theta_1, \theta_2, \cdots, \theta_n$ 构成,由此 n 个元素组合成的幂集 $\mathscr{P}(\Omega)$ 定义为

$$\mathscr{P}(\Omega) = \{\varnothing, (\theta_1), (\theta_2), (\theta_3), (\theta_1, \theta_2), (\theta_1, \theta_3), (\theta_2, \theta_3), (\theta_1, \theta_2, \theta_3), \cdots\} \tag{1.85}$$

其中(θ_1),(θ_2),(θ_3)为Ω中的单元素子集,(θ_1,θ_2),(θ_1,θ_3)和(θ_2,θ_3)为Ω中的双元素子集,$(\theta_1,\theta_2,\theta_3)$等为$\Omega$中多元素子集.在幂集$\mathscr{P}(\Omega)$中的每个子集定义为模糊集$\Omega$上的一个模糊事件,因此,$\mathscr{P}(\Omega)$是模糊集合$\Omega$上的所有可能发生的模糊事件所构成的集合.

若$\widetilde{A}$是$\mathscr{P}(\Omega)$中一个模糊事件,为了定量描述此模糊事件$\widetilde{A}$存在的可能性,则引入了可能性测度$\mathrm{pos}\{\widetilde{A}\}$.可能性测度具有如下性质:

(1)

$$\mathrm{pos}\{\Omega\} = 1 \tag{1.86}$$

(2)

$$\mathrm{pos}\{\varnothing\} = 0 \tag{1.87}$$

(3) 对于$\mathscr{P}(\Omega)$中模糊事件的任意组合$\{\widetilde{A}_i\}$,满足

$$\mathrm{pos}\{U_i\widetilde{A}_i\} = \sup_i \mathrm{pos}\{\widetilde{A}_i\} \tag{1.88}$$

由模糊集合Ω、模糊事件$\mathscr{P}(\Omega)$和可能性测度pos所构成的空间$(\Omega,\mathscr{P}(\Omega),\mathrm{pos})$,称为可能性空间.可能性空间描述了模糊集上所有模糊事件及其存在可能性的程度.可能性空间具有如下性质:

(1) 对于任何模糊事件$\widetilde{A}\in\mathscr{P}(\Omega)$,有

$$0 \leqslant \mathrm{pos}\{\widetilde{A}\} \leqslant 1 \tag{1.89}$$

(2) 若$\widetilde{A}\subset\widetilde{B}$,则有

$$\mathrm{pos}\{\widetilde{A}\} \leqslant \mathrm{pos}\{\widetilde{B}\} \tag{1.90}$$

(3) 对于任何$\widetilde{A},\widetilde{B}\in\mathscr{P}(\Omega)$,有

$$\mathrm{pos}\{\widetilde{A}\cup\widetilde{B}\} \leqslant \mathrm{pos}\{\widetilde{A}\} + \mathrm{pos}\{\widetilde{B}\} \tag{1.91}$$

实际问题中,一个模糊事件的可能性为1时,该事件也未必成立,从而在模糊集可能性理论基础上,进一步发展出可信性理论,定义了模糊事件的可信性测度:模糊事件可信性为1时,则必然成立,反之,若可信性为0,则必不成立.因此,在模糊集理论中,可信性测度类似于概率论中概率测度的作用.一个模糊事件$\widetilde{A}$的可信性测度$C_r\{\widetilde{A}\}$定义为可能性测度$\mathrm{pos}\{\widetilde{A}\}$和必要性测度$\mathrm{nec}\{\widetilde{A}\}$的平均值,即

$$C_r\{\widetilde{A}\} = \frac{1}{2}(\mathrm{pos}\{\widetilde{A}\} + \mathrm{nec}\{\widetilde{A}\}) \tag{1.92}$$

其中,模糊事件 $\widetilde{A}$ 的必要性测度 $\mathrm{nec}\{\widetilde{A}\}$ 定义为 $\widetilde{A}$ 的对立事件 $\widetilde{A}^{\mathrm{c}}$ 的不可能性,即

$$\mathrm{nec}\{\widetilde{A}\} = 1 - \mathrm{pos}\{\widetilde{A}^{\mathrm{c}}\} \qquad (1.93)$$

由可信性测度的定义可知,可信性测度取值于可能性测度和必要性测度之间,即

$$\mathrm{pos}\{\widetilde{A}\} \geqslant C_r\{\widetilde{A}\} \geqslant \mathrm{nec}\{\widetilde{A}\} \qquad (1.94)$$

也就是说,$\mathrm{pos}\{\widetilde{A}\}$ 和 $\mathrm{nec}\{\widetilde{A}\}$ 分别对应于 $C_r\{\widetilde{A}\}$ 取值的上限和下限. 可信性测度具有如下性质:

(1)

$$C_r\{\Omega\} = 1 \qquad (1.95)$$

(2)

$$C_r\{\varnothing\} = 0 \qquad (1.96)$$

(3) 若 $\widetilde{A} \subset \widetilde{B}$,则有

$$C_r\{\widetilde{A}\} \leqslant C_r\{\widetilde{B}\} \qquad (1.97)$$

(4) C_r 是自对偶的,即对任何 $\widetilde{A}, \widetilde{A}^{\mathrm{c}} \in \mathscr{P}(\Omega)$,有

$$C_r\{\widetilde{A}\} + C_r\{\widetilde{A}^{\mathrm{c}}\} = 1 \qquad (1.98)$$

(5) 对任何 $\widetilde{A}, \widetilde{B} \in \mathscr{P}$,有

$$C_r\{\widetilde{A} \cup \widetilde{B}\} \leqslant C_r\{\widetilde{A}\} + C_r\{\widetilde{B}\} \qquad (1.99)$$

可能性空间的元素,在实际问题中通常用自然语言描述. 为了对其进行定量描述,需要建立从可能性空间 $(\Omega, \mathscr{P}(\Omega), \mathrm{pos})$ 到实际 $\mathbf{R}$ 上的一个映射变换 ξ:

$$\xi: (\Omega, \mathscr{P}(\Omega), \mathrm{pos}) \rightarrow \mathbf{R}$$

从而,使可能性空间中的元素可用实数值来表征,则定义此映射变换 $\xi(\theta)$ 为模糊变量. 模糊变量 $\xi(\theta)$ 属于可能性空间的隶属函数 $\mu(x)$,可定义为

$$\mu(x) = \mathrm{pos}\{\theta \in \Omega \mid \xi(\theta) = x\}, \quad x \in \mathbf{R} \qquad (1.100)$$

例如,若模糊变量 $\xi(\theta)$ 的隶属函数 $\mu(x)$ 为三角形模糊数的形式,即由 l, m, r 这 3 个清晰数构成,则模糊变量 $\xi(\theta)$ 是一个三角形模糊变量. 模糊变量 $\xi(\theta)$ 的可信性分布 $\Phi(x)$ 定义为

$$\Phi(x) = C_r\{\theta \in \Omega \mid \xi(\theta) \leqslant x\} \qquad (1.101)$$

也就是说,可信性分布 $\Phi(x)$ 是模糊变量 ξ 取值小于或等于 x 的可信性.例如,对于三角形模糊变量的可信性分布 $\Phi(x)$ 可表达为

$$\Phi(x) = \begin{cases} 0, & x \leqslant l \\ \dfrac{x-l}{2(m-l)}, & l \leqslant x \leqslant m \\ \dfrac{x+r-m}{2(r-m)}, & m \leqslant x \leqslant r \\ 1, & r \leqslant x \end{cases} \tag{1.102}$$

1.3.6 模糊变量的期望值

在随机不确定性理论中,随机变量的一个最重要数值特征是期望值.在模糊不确定性理论中,模糊变量的期望值也是其最重要的数值特征,对其进行定义时,只是把概率测度 p 换成可信性测度 C_r.

若模糊变量 ξ 是离散型模糊变量,其隶属函数 $\mu(x)$ 为

$$\mu(x) = \begin{cases} \mu_1, & x = a_1 \\ \mu_2, & x = a_2 \\ \vdots & \vdots \\ \mu_m, & x = a_m \end{cases} \tag{1.103}$$

其中,$a_1 \leqslant a_2 \leqslant \cdots \leqslant a_m$,则模糊变量 ξ 的期望值 $E(\xi)$ 定义为

$$E(\xi) = \sum_{i=1}^{m} W_i a_i \tag{1.104}$$

其中,权重 $W_i(i=1,2,\cdots,m)$ 分别为

$$W_1 = \frac{1}{2}\left(\mu_1 + \max_{1 \leqslant j \leqslant m} \mu_j - \max_{1 \leqslant j \leqslant m} \mu_j\right) \tag{1.105}$$

$$W_i = \frac{1}{2}\left(\max_{1 \leqslant j \leqslant i} \mu_j - \max_{1 \leqslant j < i} \mu_j + \max_{1 \leqslant j \leqslant m} \mu_j - \max_{1 \leqslant j \leqslant m} \mu_j\right), \quad 2 \leqslant i \leqslant m-1 \tag{1.106}$$

$$W_m = \frac{1}{2}\left(\max_{1 \leqslant j \leqslant m} \mu_j - \max_{1 \leqslant j < m} \mu_j + \mu_m\right) \tag{1.107}$$

同时,$W_i \geqslant 0$,且满足

$$\sum_{i=1}^{m} W_i = 1 \tag{1.108}$$

若 ξ 是连续型模糊变量,则模糊变量的期望值 $E(\xi)$ 定义为

$$E(\xi) = \int_{-\infty}^{+\infty} x\phi(x)\mathrm{d}x \tag{1.109}$$

其中,$\phi(x)$ 是可信性密度函数.

模糊变量期望值具有如下运算性质:

(1) 若 ξ 是一个模糊变量,并且期望值有限,则对于任何实数 a 和 b,有

$$E(a\xi + b) = aE(\xi) + b \tag{1.110}$$

(2) 若 ξ 和 η 是相互独立的模糊变量,并且期望值有限,则有

$$E(\xi + \eta) = E(\xi) + E(\eta) \tag{1.111}$$

(3) 若 ξ 和 η 是相互独立的模糊变量,并且期望值有限,则对任意的实数 a 和 b,有

$$E(a\xi + b\eta) = aE(\xi) + bE(\eta) \tag{1.112}$$

在模糊不确定性理论中,模糊变量 ξ 的方差,利用期望值可定义为

$$V(\xi) = E[\xi - E(\xi)^2] \tag{1.113}$$

另外,利用模糊变量的期望值,也可对模糊变量进行比较:若 $E(\xi) > E(\eta)$,则有 $\xi > \eta$.

1.3.7 多维模糊变量的联合可信性分布

在许多实际问题中,可同时存在多种模糊性因素.若每种模糊因素的可能性空间为 $(\Omega_i, \mathscr{P}(\Omega_i), \mathrm{pos}_i)(i = 1, 2, \cdots, n)$,则同时考虑各种模糊因素时,其可能性空间中:$\Omega = \Omega_1 \times \Omega_2 \times \cdots \times \Omega_n$;模糊集合 Ω 上所有可能存在的模糊事件构成的集合为 $\mathscr{P}(\Omega)$;对于每个 $A \in \mathscr{P}(\Omega)$ 有

$$\mathrm{pos}\{A\} = \sup(\mathrm{pos}_1(\theta_1) \wedge \mathrm{pos}_2(\theta_2) \wedge \cdots \wedge \mathrm{pos}_n(\theta_n)), \quad (\theta_1, \theta_2, \cdots, \theta_n) \in A \tag{1.114}$$

记为 $\mathrm{pos} = \mathrm{pos}_1 \wedge \mathrm{pos}_2 \wedge \cdots \wedge \mathrm{pos}_n$.通常称可能性空间 $(\Omega, \mathscr{P}(\Omega), \mathrm{pos})$ 为 $(\Omega_i, \mathscr{P}(\Omega_i), \mathrm{pos}_i)(i = 1, 2, \cdots, n)$ 的乘积可能性空间.

为了对乘积可能性空间 $(\Omega, \mathscr{P}(\Omega), \mathrm{pos})$ 中的元素进行定量描述,也需要建立从 $(\Omega, \mathscr{P}(\Omega), \mathrm{pos})$ 到实数 $\mathbf{R}$ 的一个映射变换,即

$$\xi : (\Omega, \mathscr{P}(\Omega), \mathrm{pos}) \rightarrow \mathbf{R} \tag{1.115}$$

$$\xi(\theta) = [\xi_1(\theta_1), \xi_2(\theta_2), \cdots, \xi_n(\theta_n)] \tag{1.116}$$

其中,$\xi_i(\theta_i)(i = 1, 2, \cdots, n)$ 是每个可能性空间 $(\Omega_i, \mathscr{P}(\Omega_i), \mathrm{pos}_i)$ 相应的模糊变量,则称 $\xi(\theta)$ 为多维模糊变量,也可称为模糊矢量.

对于离散型多维模糊变量,联合可信性分布 $\Phi(x_1, x_2, \cdots, x_n)$ 定义为

$$\Phi(x_1, x_2, \cdots, x_n) = C_r\{\theta \in \Omega \mid \xi_1(\theta) \leqslant x_1, \xi_2(\theta) \leqslant x_2, \cdots, \xi_n(\theta) \leqslant x_n\} \tag{1.117}$$

对于连续型多维模糊变量,联合可信性分布 $\Phi(x_1, x_2, \cdots, x_n)$ 定义为

$$\Phi(x_1, x_2, \cdots, x_n) = \int_{-\infty}^{x_1} \int_{-\infty}^{x_2} \cdots \int_{-\infty}^{x_n} \phi(y_1, y_2, \cdots, y_n) \mathrm{d}y_1 \mathrm{d}y_2 \cdots \mathrm{d}y_n \tag{1.118}$$

其中,ϕ 称为多维模型变量联合可信性密度函数.

一般来说,在模糊不确定性问题中,各种模糊因素是相互影响的.但在具体的实际问题中,这些相互影响的作用可以忽略不计时,就可假定各模糊变量 $\xi_1, \xi_2, \cdots, \xi_n$ 之间是相互独立的.模糊变量的独立性可定义如下:$\xi_1, \xi_2, \cdots, \xi_n$ 为模糊变量.若对实数集 $\mathbf{R}$ 上任意的子集 $(B_1, B_2, \cdots, B_n)$,有

$$\mathrm{pos}\{\xi_i \in B_i, i = 1, 2, \cdots, n\} = \min_{1 \leqslant i \leqslant n} \mathrm{pos}\{\xi_i \in B_i\} \tag{1.119}$$

则称 $\xi_1, \xi_2, \cdots, \xi_n$ 为相互独立的模糊变量.从模糊变量独立性[式(1.119)]的定义出发,可以推导出多维独立模糊变量具有如下性质:

(1) $\xi_1, \xi_2, \cdots, \xi_n$ 是相互独立的模糊变量,其隶属函数分别为 $\mu_1, \mu_2, \cdots, \mu_n$. 若 $f: \mathbf{R}^n \rightarrow N$ 是一个实值函数,则 $\xi = f(\xi_1, \xi_2, \cdots, \xi_n)$ 的隶属函数 μ,可由 $\mu_1, \mu_2, \cdots, \mu_n$ 导出:

$$\mu(x) = \sup_{x_1, x_2, \cdots, x_n \in \mathbf{R}} \left\{ \max_{1 \leqslant i \leqslant n} \mu_i(x_i) \mid x = f(x_1, x_2, \cdots, x_n) \right\} \tag{1.120}$$

(2) $\xi_1, \xi_2, \cdots, \xi_n$ 是相互独立的模糊变量,其隶属函数分别为 $\mu_1, \mu_2, \cdots, \mu_n$. 若 $f: \mathbf{R}^n \rightarrow \mathbf{R}^m$ 是一个函数,则模糊事件 $f(\xi_1, \xi_2, \cdots, \xi_n) \leqslant 0$ 的可能性为

$$\mathrm{pos}\{f(\xi_1, \xi_2, \cdots, \xi_n) \leqslant 0\} = \sup_{x_1, x_2, \cdots, x_n} \left\{ \min_{1 \leqslant i \leqslant n} \mu_i(x_i) \mid f(x_1, x_2, \cdots, x_n) \leqslant 0 \right\} \tag{1.121}$$

1.4 非完备信息不确定性

1.4.1 非完备性的本质

信息是人类对事物的属性、关系和结构知识的统称,它是人类认识客观世界所获得的结果.数据是信息的载体,数据的形式可以是数值、语言文字、声音和图像等.人们只有利用已掌握的现有信息,才能对当前或未来的各种实际问题进行判断和决策.对于绝大多数实际问题,人们所掌握的现有信息是不完备的,也就是说,利用现有的信息不足以对实际问题做出唯一和精确的判断与决策.显然,当人们什么信息都不掌握时,可以做出各种判断;随着所掌握的信息增多,可以做出判断的数量减少,对事物可以有较为粗糙的认识;当掌握全部信息时,才可以做出唯一的判断,对事物有精确的认识.因此,信息非完备性可以导致人们认知的不确定性.随机性是关于事件的偶然性与必然性问题,模糊性是关于事件的状态的清晰性和模糊性问题,非完备性是关于对事物认识的精确性和近似性问题.因此,它们从事物的不同属性出发,揭示了不确定性的本质.

信息论和粗糙集合论是定量表示非完备不确定性的理论基础,在本节中,我们着重阐述信息熵、粗糙集的基本性质、粗糙变量及其信赖性等.

1.4.2 信息熵

熵的概念首先在热力学中引入,被用来表述热力学第二定律.统计力学进一步认为,在系统的某个宏观状态中,热力学熵 S 与微观状态数目 W 之间存在着对数形式的关联,即 $S = k \ln W$,从而揭示了熵可以表达微观状态不确定性的本质.信息熵是熵概念在信息科学中的推广.

1. 基本概念

信息熵是对不确定性过程中信息属性的测度.为了定量描述发生了随机事件 E 需要提供多少信息,需要引入一个取值只依赖于该事件 E 的信息度量函数 $H(E)$,此函数满

足如下公理:

(1) $H(E)$ 仅是发生事件 E 的概率 p 的函数,即 $H = H(p)$.

(2) H 是概率的一个光滑函数.

(3) 对于分别具有概率 p 和 q 的两个独立随机事件,所得到的信息量 $H(pq)$ 是从单个随机事件所得到的信息量 $H(p)$ 和 $H(q)$ 之和,即

$$H(pq) = H(p) + H(q), \quad p, q > 0$$

显然,只有 $H(p)$ 取对数形式,即 $H(p) = k \log p$,可以满足上述公理. 从而,对于发生概率为 $p_1, p_2, \cdots, p_n$ 的 n 个独立的随机事件的平均信息量 $H(p) = k \sum_i p_i \log p_i$,除去一个因子 k,这正是香农信息熵.

信息熵的基本定义:若 X 是离散型随机变量,$X = (x_1, x_2, \cdots, x_n)$,相应的概率为 $(p_1, p_2, \cdots, p_n)$,则信息熵可表达为

$$H(X) = - \sum_{x_i \in X} p(x_i) \log p(x_i) \tag{1.122}$$

其中,对数 $\log$ 所取的底数为 2,信息熵的单位用比特表示,如抛掷均匀硬币取 0 和 1 两种值的随机事件的信息熵为 1 个比特.

2. 联合熵和条件熵

将上述的单个随机变量 X 的信息熵的基本定义,推广到两个随机变量 X, Y 时,引入联合熵和条件熵两个新的概念.

对于服从联合概率分布 $p(x, y)$ 的两个离散型随机变量 x, y,其联合熵 $H(XY)$ 定义为

$$H(XY) = - \sum_{x \in X} \sum_{y \in Y} p(xy) \log p(xy) \tag{1.123}$$

联合熵是关于 (XY) 对的整体的不确定性的度量.

条件熵 $H(Y|X)$ 是随机变量 Y 在随机变量 X 已知条件下的熵,可表达为

$$\begin{aligned}
H(Y \mid X) &= \sum_{x \in X} p(x) H(Y \mid X = x) \\
&= - \sum_{x \in X} p(x) \sum_{y \in Y} p(y \mid x) \log p(y \mid x) \\
&= - \sum_{x \in X} \sum_{y \in Y} p(xy) \log p(y \mid x)
\end{aligned} \tag{1.124}$$

由联合熵和条件熵的上述定义,不难得到二者之间满足如下关系:

$$H(Y \mid X) = H(XY) - H(X) \tag{1.125}$$

此式表明:若知道了 X 的值,得到了关于 (XY) 对中的 $H(X)$ 的信息,关于 (XY) 对的剩余的不确定性与所缺乏的 Y 的信息相互关系,即条件熵 $H(Y \mid X)$ 是已知 $H(X)$ 条件下,关于 Y 值的不确定程度的度量.

3. 相对熵和互信息

相对熵度量了定义在同一个论域 X 上的两个概率分布 $p(x)$ 和 $q(x)$ 之间的接近程度,或者说是两个随机概率分布之间距离的度量.定义为

$$\begin{aligned} H[p(x) \parallel q(x)] &= \sum_x p(x) \log \frac{p(x)}{q(x)} \\ &= -H(X) - \sum_x p(x) \log q(x) \end{aligned} \tag{1.126}$$

相对熵是非负的,即

$$H[p(x) \parallel q(x)] \geqslant 0 \tag{1.127}$$

当 $p(x) = q(x)$ 对所有 x 成立时,此式取等号.相对熵是一个非常有用的熵型度量.例如,利用相对熵的非负性,可以导出信息熵的若干性质.设 $p(x)$ 是随机变量 X 的一个具有 d 个结果的概率分布,令 $q(x) = \dfrac{1}{d}$ 为这些结果上的均匀分布.按照相对熵的定义,则有

$$\begin{aligned} H[p(x) \parallel q(x)] &= H\left(p(x) \parallel \frac{1}{d}\right) \\ &= -H(x) - \sum_x p(x) \log\left(\frac{1}{d}\right) \\ &= \log d - H(x) \end{aligned}$$

由于相对熵是非负的,则可导出

$$H(x) \leqslant \log d \tag{1.128}$$

此式表明:只有当随机变量 X 的概率分布 $p(x)$ 具有 d 个结果与均匀分布时,熵 $H(x)$ 才能等于 $\log d$.这是熵 $H(x)$ 的一种性质.

互信息是一个随机变量 X 包含另一个随机变量 Y 信息量的度量,或者说,测量 X 和 Y 包含多少共同的信息.互信息 $I(X; Y)$ 定义为联合分布 $p(xy)$ 和乘积分布 $p(x)q(x)$ 之间的相对熵,即

$$I(X;Y) = \sum_{x \in X} \sum_{y \in Y} p(xy) \log \frac{p(xy)}{p(x)p(y)}$$

$$= H\big[p(xy) \parallel p(x)p(y)\big] \tag{1.129}$$

由此定义,可导出

$$
\begin{aligned}
I(X;Y) &= \sum_{x,y} p(x,y) \log \frac{p(xy)}{p(x)p(y)} \\
&= \sum_{x,y} p(x,y) \log \frac{p(x \mid y)}{p(x)} \\
&= -\sum_{x,y} p(x,y) \log p(x) + \sum_{x,y} p(x,y) \log p(xy) \\
&= H(X) - H(X \mid Y)
\end{aligned} \tag{1.130}
$$

因此,互信息 $I(X;Y)$ 是给定 Y 信息条件下,对 X 不确定性程度的缩减量. 对称地,亦可得到

$$I(Y;X) = H(Y) - H(Y \mid X) \tag{1.131}$$

另外,由于 $H(XY) = H(X) + H(Y \mid X)$,则可得到

$$I(X;Y) = H(X) + H(Y) - H(XY) \tag{1.132}$$

由式(1.130)又可得

$$I(X;X) = H(X) - H(X \mid X) = H(X) \tag{1.133}$$

因此,随机变量 X 与自身的互信息为该随机变量的信息熵 $H(X)$,这也是通常把信息熵 $H(X)$ 称为自信息的原因.

综上所述,$H(X)$,$H(Y)$,$H(XY)$,$H(X \mid Y)$,$H(Y \mid X)$ 和 $I(X;Y)$ 之间满足如下关系:

(1) $I(X;Y) = H(X) - H(X \mid Y)$;

(2) $I(X;Y) = H(Y) - H(Y \mid X)$;

(3) $I(X;Y) = H(X) + H(Y) - H(XY)$;

(4) $I(X;Y) = I(Y;X)$;

(5) $I(X;X) = H(X)$.

这些关系也可用图 1.4 表示,此图称为文氏图. 在此图中,互信息 $I(X;Y)$ 对应于 X 信息熵 $H(X)$ 与 Y 信息熵 $H(Y)$ 相交部分.

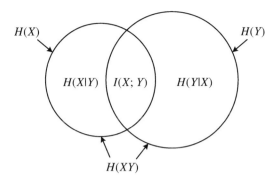

图 1.4　各种信息熵之间的关系图

1.4.3　粗糙集的基本性质

粗糙集理论是处理具有信息不确定、不精确和不完备系统的数学工具,是一种新的知识表示和处理的基础,粗糙集理论的关键思想是利用已知的知识,对不确定或不精确的知识做近似刻画.从而,它不需要提供问题所需处理的数据集合之外的任何先验信息,对问题的不确定性描述和处理相对客观.

1. 粗糙集的不可区分性

粗糙集是通过集合来描述不确定信息的.在粗糙集中,用信息表来表达知识.信息表是一个三元组 $S=(U,A,V)$,其中,U 是对象集,A 是属性集,V 是 A 的值域.例如,由 8 个积木组成的集合中,对象集 $U=(x_1,x_2,x_3,x_4,x_5,x_6,x_7,x_8)$,属性集 A 包括积木的颜色、形状和体积 3 个属性,对于颜色属性可有红、蓝和黄 3 种取值,对于形状属性可有圆形、方形和三角形 3 种取值,对于体积属性可有大和小 2 种取值,则属性 A 的值域 $V=3+3+2=8$.此具体问题的信息表 $S=(U,V,A)$ 如表 1.1 所示.

利用信息表所给出的信息,可以将对象元素划分为不同的类型.若两个对象元素具有相同的信息,则它们具有等价关系,可划分为一类.对积木集合,按属性进行分类,可得到如下的一些等价类:

颜色:$(x_1,x_3,x_7)_红,(x_2,x_4)_蓝,(x_5,x_6,x_8)_黄$

形状:$(x_1,x_5)_圆,(x_2,x_6)_方,(x_3,x_4,x_7,x_8)_{三角}$

体积:$(x_2,x_7,x_8)_大,(x_1,x_3,x_4,x_5,x_6)_小$

总共获得 8 个等价类.

表 1.1　$S = (U, A, V)$ 的信息表

积木	颜色	形状	体积
x_1	红	圆形	小
x_2	蓝	方形	大
x_3	红	三角形	小
x_4	蓝	三角形	小
x_5	黄	圆形	小
x_6	黄	方形	小
x_7	红	三角形	大
x_8	黄	三角形	大

在每一个等价类中的对象元素具有相同的信息,因此,它们之间是不可区分的.利用已有的信息不能够将其划分开的这种不可区分性是粗糙集的最基本的概念.若 X_i $(i \leqslant k)$ 为 U 的子集,且 $X_i \neq \varnothing (i \leqslant k)$,$X_i \bigcap X_j = \varnothing (i \neq j)$,$\bigcup\limits_{i=1}^{k} X_i = V_i$,则称 $\{X_i \mid i \leqslant k\}$ 为 U 的划分,划分即是分类,即将研究对象分成不同的类.这些类之间互不相交,且任何对象均包含于某一类中,如积木集合中所示的 8 个类.

若 $R \subseteq U \bigotimes U$,则称 R 为 U 上的关系.当 $(x, y) \in R$ 时,称 x, y 有关系 R;当 $(x, y) \notin R$ 时,称 x, y 无关系 R. U 上的关系 R 称为等价关系,需要满足如下性质:

(1) 自反性:$(x_i, x_i) \in R$;

(2) 对称性:若 $(x_i, x_j) \in R$,则 $(x_j, x_i) \in R$,$(x_i, x_j) \in U$;

(3) 传递性:若 $(x_i, x_j) \in R$,$(x_j, x_k) \in R$,则 $(x_i, x_k) \in R$,$(x_i, x_j, x_k) \in U$.

因此,U 上的等价关系 R 必然产生 U 上的一个划分,或者说,U 上的一个划分由 U 上的一个等价关系 R 产生,即 U 上的条件关系与 U 上的划分是一一对应的.

综上所述,在粗糙集中,将集合的元素概念用不可区分的对象组成的各类子集合来表示,这种子集合是论域知识的颗粒.如此,把分类知识嵌入信息体本身,是对经典集合论的扩展,例如,在积木集合中,或用 C 代表颜色,S 代表形状,V 代表体积,则由不可区分关系描述的知识颗粒如下:

$$U \mid C = \{(x_1, x_3, x_7), (x_2, x_4), (x_5, x_6, x_8)\} = \{C_1, C_2, C_3\}$$
$$U \mid S = \{(x_1, x_5), (x_2, x_6), (x_3, x_4, x_7, x_8)\} = \{S_1, S_2, S_3\}$$
$$U \mid V = \{(x_2, x_7, x_8), (x_1, x_3, x_4, x_5, x_6)\} = \{V_1, V_2\}$$

此例的粗糙集由 $\{C_1, C_2, C_3, S_1, S_2, S_3, V_1, V_2\}$ 构成.

2. 上近似集和下近似集

如上所述,粗糙集是由各种属性类构成的集合.若 X 是 U 的子集合,则利用已知属性 R 的等价类的知识,来判断 X 子集合中的等价类的性质,是粗糙集理论的基本目的.为达到这个目的,在粗糙集理论中,引入上近似集和下近似集的概念.

当 X 的性质用属性 R 确切描述时,它可以属性 R 的某些集合的并来表达如下:

$$R_-(X) = \bigcup (Y_i \in V \mid \{Y_i\}_R \subseteq X) \tag{1.134}$$

其中,$\{Y_i\}_R$ 表示属性 R 的等价类,Y_i 为 U 的子集.称 $R_-(X)$ 为 X 的下近似集,它包含了可确切分类到 X 的元素.$R^-(X)$ 表示 X 的上近似集,它可表达为那些与 X 有交集的等价类的并集,即

$$R^-(X) = \bigcup (Y_i \in U \mid \{Y_i\}_R : Y_i \cap X \neq \varnothing) \tag{1.135}$$

它包含了那些可能是属于 X 的元素.利用上近似集与下近似集可定义粗糙集的边界域 $Bn_R(X)$ 为

$$Bn_R(X) = R^-(X) - R_-(X) \tag{1.136}$$

当 $R_-(X) = R^-(X)$,边界域 $Bn_R(X) = 0$,即边界域为空时,通过属性 R 的等价关系,可精确地确定 X 的等价关系.相反,当 $R_-(X) \neq R^-(X)$,即边界域为非空时,只能粗糙地确定 X 的等价关系.例如,在积木集 $U = (x_1, x_2, x_3, x_4, x_5, x_6, x_7, x_8)$ 中,用 R 代表颜色属性,则其等价类为

$$U \mid R = \big[(x_1, x_3, x_7), (x_2, x_4), (x_5, x_6, x_8)\big]$$
$$= (C_1, C_2, C_3)$$
$$= (红, 蓝, 黄)$$

即 $C_1 = (x_1, x_3, x_7)$,$C_2 = (x_2, x_4)$ 和 $C_3 = (x_5, x_6, x_8)$,现在,要利用颜色 $R = (C_1, C_2, C_3)$ 的知识,来判断 $X = (x_3, x_7) = (红色,三角形)$ 子集合的等价关系.由于 C_1, C_2 和 C_3 不属于 X,则 $R_-(X) = \varnothing$,表明仅根据颜色 $R = (C_1, C_2, C_3)$ 的知识无法确切地从积木中划分出按照 X 所描述的红色三角形的等价关系的类型.但是,考虑到 X 与 C_1, C_2 和 C_3 集合之间的交运算关系,有

$$C_1 \cap X \neq \varnothing, \quad C_2 \cap X = \varnothing, \quad C_3 \cap X = \varnothing$$

从而 $R^-(X) = C_3(x_1, x_3, x_7)$,表明根据颜色 $R = (C_1, C_2, C_3)$ 的等价关系,积木中的 (x_1, x_3, x_7) 可能被划分为接着 X 所描述的那种红色三角形的关系.从而得到

$$Bn_R(X) = R^-(X) - R_-(X) = C_3(x_1, x_3, x_7)$$

表明仅根据"颜色"的知识,积木中的(x_1, x_3, x_7)既不能确定在X集合内部,也不能确定在X集合外部,而是在二者的边界域中,这是一种近似的描述.

综上所述,利用已有的知识,通过上、下近似集的简单计算,可获得一些等价关系知识.等价关系、包含关系和相似关系等知识是获取实际问题中判断和决策规则的关键知识,获取事物之间各种关系的知识是粗糙集理论的主要应用领域.

3. 不精确性的数值度量

如上所述,边界域的大小是衡量U上子集合X的等价关系R的近似精度,即边界域越大,其精确性越低.为了定量地表达这种近似精度的性质,在粗糙集理论中引入了不精确性的数值度量$d_R(X)$,即

$$d_R(X) = \text{Card}[R_-(X)]/\text{Card}[R^-(X)] \tag{1.137}$$

其中,Card表示集合中元素的个数,且$X \neq \varnothing$.精度$d_R(X)$反映了对于了解集合X的知识的完全程度,即在等价关系R下,逼近集合X的精度.对于任意R和$X \subseteq U$,有$0 \leqslant d_R \leqslant 1$,当$d_R(X) = 1$时,$X$的$R$边界域为空,集合$X$为$R$可精确定义;当$d_R(X) < 1$时,集合$X$有非空的边界域,集合$X$为$R$不可精确定义,只能以不同的不精确程度$d_R(X)$来描述.

1.4.4 粗糙变量及其信赖性

为了建立非完备信息系统的数学模型,如同引入随机变量和模糊变量那样,需要引入粗糙变量及其相关概念.

1. 粗糙空间

若A为非空集合,由A中所有子集构成的集为$\mathscr{A}$,Δ为$\mathscr{A}$中的一个元素,π为定义在$\mathscr{A}$上的满足如下4条公理的实值集函数:
(1) $\pi\{A\} < \infty$;
(2) $\pi\{\Delta\} > 0$;
(3) 对所有的$A \in \mathscr{A}$,$\pi\{A\} \geqslant 0$;
(4) 对任意可列不相交事件序列$\{A_i\}_{i=1}^{\infty}$,有

$$\pi \left\{ \bigcup_{i=1}^{\infty} A_i \right\} = \sum_{i=1}^{\infty} \pi \{ A_i \} \tag{1.138}$$

则称由四元组 $\{ A, \Delta, \mathscr{A}, \pi \}$ 构成的集合为粗糙空间.

2. 粗糙变量

若 ξ 是从粗糙空间 $\{ A, \Delta, \mathscr{A}, \pi \}$ 的论域 A 到实数集 $\mathbf{R}$ 上的一个映射变换,即

$$\{ \lambda \in A \mid \xi(x) \in B \} \in \mathscr{A} \tag{1.139}$$

其中, B 为实数集,则称 ξ 是粗糙空间的粗糙变量.对于粗糙变量还可以进一步定义粗糙变量的下近似 $\underline{\lambda}$ 和上近似 $\bar{\lambda}$ 为

$$\underline{\lambda} = \{ \xi(\lambda) \mid \lambda \in \Delta \} \tag{1.140}$$

$$\bar{\lambda} = \{ \xi(\lambda) \mid \lambda \subset A \} \tag{1.141}$$

3. 粗糙变量的信赖性

用来描述粗糙变量信赖性的 $Tr\{ \xi \in B \}$,可定义为

$$Tr\{ \xi \in B \} = \frac{1}{2} (\bar{Tr}\{ \xi \in B \} + Tr_{\underline{}}\{ \xi \in B \}) \tag{1.142}$$

其中

$$\bar{Tr}\{ \xi \in B \} = \frac{\pi \{ \lambda \in A [\xi(x) \in B] \}}{\pi \{ A \}} \tag{1.143}$$

称为粗糙变量 ξ 的上信赖性,而

$$Tr_{\underline{}}\{ \xi \in B \} = \frac{\pi \{ \lambda \in \Delta [\xi(x) \in B] \}}{\pi \{ \Delta \}} \tag{1.144}$$

称为粗糙变量 ξ 的下信赖性.

4. 粗糙变量的期望值

若 ξ 为定义在粗糙空间 $\{ A, \Delta, \mathscr{A}, \pi \}$ 上的粗糙变量,则粗糙变量 ξ 的期望值 $E(\xi)$ 可表达为

$$E(\xi) = \int_0^{\infty} Tr\{ \xi \geqslant r \} \mathrm{d}r - \int_{-\infty}^{0} Tr\{ \xi \leqslant r \} \mathrm{d}r \tag{1.145}$$

1.5　小结

在不确定性决策等实际问题中,广泛存在着随机性、模糊性和信息非完备性等不确定性因素.对于实际问题的目标和约束条件等的描述,通常都是使用自然语言进行的.为了构建实际问题的数学模型,首先必须把自然语言描述的各种不确定性因素,转换为定量的表达形式,即建立各种不确定性的定量表示方法.

不确定性的定量表示方法,包含3个方面的内容:其一是用实数值来表达各种不确定性的不确定的程度.在本章中,具体阐述了随机不确定性的概率、模糊不确定性的隶属度和可信性度量、信息非完备不确定性系统的信息熵和粗糙不确定性的信赖性度量等.其二是构建不确定性数学模型中各种不确定性变量.在本章中,具体阐述了随机变量及其概率分布、模糊变量及其隶属度和可信性分布、粗糙变量及其信赖性分布,以及各种不确定性分布的数值特征等若干性质.其三是建立各种不确定性系统中的运算法则,这些法则是进行不确定性推理的数学基础.在本章中,简要介绍了各种不确定性理论中相关的最基本的运算法则.

在不确定性决策等各种实际问题中,大多数是同时存在着几种不同类型的不确定性因素,而且各种不确定性因素之间又是相互影响和相互关联的.因此,所构建的数学模型属于多重不确定性模型.例如,随机模糊、随机粗糙和粗糙模糊等双重不确定性模型.本章只是分别阐述了随机不确定性、模糊不确定性与非完备信息和粗糙不确定性,为进一步考虑多重不确定性建模问题,提供了必要的基础.

第 2 章

不确定性决策的原理和方法

2.1 引言

不确定性决策是决策者在主客观不确定性因素的制约下,为解决当前或未来的实际问题而进行的智力活动.决策过程包括确定决策目标,分析和表达各种不确定性因素,设计各种备选方案,选择方案和行动等基本阶段.决策过程本质上是描述问题、分析问题和解决问题的过程.

在描述、分析和解决各种类型的不确定性决策问题中,所归纳出来的基本概念、准则和方法,构成了不确定性决策的基本原理.这些基本原理在解决复杂的不确定性决策问题中起到了指导作用,也成为发展新的决策理论的基础.

在本章中,首先,我们阐述了不确定性决策的基本原理;其次,我们深入地阐述了随机决策问题、模糊决策问题和不完备性信息决策问题中的基本概念和决策分析方法,有助于全面理解不确定性决策的本质和具体内涵.

2.2 不确定性决策的基本原理

2.2.1 不确定性决策的组成要素

1. 决策者是实施决策的主体

决策的结果与决策者的思维活动有直接的关系.人类的思维有精确的一面,更有不确定性的一面.人脑和计算机相比,并不具备海量的数据存储能力、快速可靠的计算能力、严密的逻辑推理能力.但是,这并不妨碍人类的学习和创造能力,较之计算机人类具有更发达的高级智能.人类可以在不确定的客观环境下,通过直觉的感知,进行联想、细想和抽象思维活动,创造性地认识客观世界.可以说,在人类的思维活动中,不确定性的思维占据了绝大部分.从哲学的角度来看,客观世界中的不确定性称为存在论的不确定性,人类思维活动中的不确定性称为认识论的不确定性.

2. 决策的客观环境

在不确定性决策问题中,客观环境包含着一种或多种不确定性因素,它们是决策者无法控制的.通常,把决策者无法控制的所有不确定性因素统称为广义的"自然状态"或简称为"状态""自然状态集""状态空间",可用来表示不确定性决策问题的所有可能的自然状态,记为 $\Theta = \{\theta_1, \theta_2, \cdots, \theta_n\}$,它描述了客观环境的不确定性状态.

由于自然状态的不确定性的存在,同一备选方案的实施可产生不同的结果,也就是说,决策者无论采取什么行动,都会因为自然状态的不同而出现不同的后果,即导致结果的不确定性,这也表明决策者的决策过程与不确定性环境博弈的过程.这是决策论与对策论的不同之处,对策论是个体与个体之间博弈的理论.

案例 2.1 火灾保险问题.一个商店负责人考虑是否购买火灾保险.在保险期内商店可能遇上火灾,设商店在保险期内发生火灾的可能性为 p,不发生火灾的可能性为 $1-p$;购买火灾保险要化一笔保险费,设保险费与资产总额 G 的比率为 r;不购买保险,则一旦发生

不确定性决策的量子理论与算法
Quantum Theory and Algorithms for Uncertain Decision-Making

火灾,就会损失很大.

这是一个随机不确定性决策问题. 在此例中,自然状态 $\Theta = \{\theta_1, \theta_2\}$,其中,$\theta_1$ 表示在保险期内发生火灾,θ_2 表示在保险期内不发生火灾.

3. 决策的备选方案集或行动集

决策者可能采用的所有方案或行动的集合,称为策略空间,记作 $A = \{a_1, a_2, \cdots, a_m\}$,这些方案或行动是决策者可以控制的因素. 在火灾保险问题中,$A = \{a_1, a_2\}$,其中,a_1 表示购买火灾保险,a_2 表示不购买火灾保险.

4. 决策问题各种可能结果的集合

决策问题各种可能结果的集合记为 $C = \{C_{ij}\}$ $(i = 1, 2, \cdots, n; j = 1, 2, \cdots, m)$,其中,$C_{ij}$ 表示决策者采取行动 a_i,而真实自然状态为 θ_j 时的结果,即 $C_{ij} = C(a_i, \theta_j)$. 在火灾保险问题中,$C_{11}$ 表示购买了火灾保险,在保险期内发生了火灾的结果;C_{12} 表示购买了火灾保险,但没发生火灾;C_{21} 表示没购买保险,但发生了火灾;C_{22} 表示没购买保险,也没发生火灾.

在各种不确定性决策的实际问题中,通常用效用价值或损失等表示结果对决策者的实际意义. 在决策问题中,有些结果 C_{ij} 用数值表示,有些结果 C_{ij} 只能用语言文字表示,有些结果 C_{ij} 既可用数值表示又可用语言文字表示.

5. 决策准则是衡量所选方案优劣的标准

在构建不确定性决策问题的准则时,需要解决两类问题:其一是决策的结果大多数情况下用自然语言表述,需要将其转换为定量表示;其二即使有一个明确的标度可以测量结果,但按照这个标度测得的量值,也可能并不反映结果对决策者的真正价值,因为结果的价值因人而异. 例如,以钱作为标度时,同样数量的钱,对穷人和富人的实际价值决然不同,甚至对同一个人来说也会因时而异. 因此,需要表达结果对决策者的实际价值,以便反映决策者对各种结果的偏好次序. 显然,偏好次序是决策者的个性与价值观的反映,它与决策者所处社会地位、经济地位、文化素养、心理和生理状态等相关.

在决策理论中,利用效用来描述决策者对结果的偏好次序. 效用就是偏好的量化,它是实值函数. 偏好次序定量表示的数学符号有">""～""≥"3 种. 符号">"表示严格序,即 $a > b$ 的含义是"a 优于 b",其中 a 和 b 泛指决策者能够表达自己偏好的任何对象,如行动、方案和结果等. 符号"～"表示无差异,即 $a \sim b$ 的含义是"a 无差异于 b",决策者对选择 a 或 b 同样满意. 符号"≥"表示弱序,即 $a \geq b$ 的含义是"a 不劣于 b",也就是说,a 优于或者无差异于 b. 因此,"≥"是最基本的次序关系. 据此,可对效用函数 U 定义如下:若不确定决策的各种可能结果为 $\{c_1, c_2, \cdots, c_r\}$,及其出现各种结果的概率为 $\{p_1,$

$p_2, \cdots, p_r\}$,由二者组成的集合 $P = \{p_1 c_1, p_2 c_2, \cdots, p_r c_r\}$ 表示决策的可能预期前景,称为展望集,则定义集合 P 上的实值函数 U 为效用函数,使 U 和 P 上的优先关系"$\geqslant$"相一致,即若 $P_1, P_2 \in P, P_1 \geqslant P_2$,当且仅当 $U(P_1) \geqslant U(P_2)$. 由此可见,可以根据效用函数 U 的大小来判断展望 P 的优劣.

6. 信息集是由样本空间或测度空间所给出决策问题的信息集合

决策过程本质上是接收、处理、选择、储存和输出信息的过程. 从输入的信息中选择和储存与决策有直接关系的信息,减少冗余信息,把信息变换成需要的形式以便于情况识别和收益评价等,都需要对信息及时进行处理和更新. 利用数学模型进行决策与按照直觉做决策的重要区别在于信息的利用与信息的量化编码和动态处理. 在决策过程中,从输入的信息中,利用计算方法获取有关不确定性因素的信息价值,如采样信息的期望值等,然后确定获取新信息的具体方法,获取新信息后设定自然状态新的概率分布,并在必要时修改模型结构. 由此可见,信息是决策过程一种至关重要的驱动力.

2.2.2 不确定性决策问题的表示方法

1. 决策表或决策矩阵

决策表是决策问题用表格表示的方法. 在不确定性决策问题中,决策者采取任何行动的结果,不仅仅由行动本身而且也由大量外部不确定性因素来决策. 如前所述,这些决策者无法控制的外部不确定性因素,用自然状态来描述. 若只有有限种互不相容的可能的自然状态,即 $\Theta = \{\theta_1, \theta_2, \cdots, \theta_n\}$,同时也只有有限种行动或方案,即 $A = \{a_1, a_2, \cdots, a_m\}$,决策者选取行动 a_i,真实自然状态为 θ_j 时的结果为 x_{ij},则可构造出决策表,如表 2.1 所示.

表 2.1 决策表

行动	状态					
	θ_1	θ_2	$\cdots$	θ_i	$\cdots$	θ_n
a_1	x_{11}	x_{12}	$\cdots$	x_{1i}	$\cdots$	x_{1n}
a_2	x_{21}	x_{22}	$\cdots$	x_{2i}	$\cdots$	x_{2n}
$\vdots$	$\vdots$	$\vdots$		$\vdots$		$\vdots$
a_j	x_{j1}	x_{j2}	$\cdots$	x_{ji}	$\cdots$	x_{jn}
$\vdots$	$\vdots$	$\vdots$		$\vdots$		$\vdots$
a_m	x_{m1}	x_{m2}	$\cdots$	x_{mi}	$\cdots$	x_{mn}

其中，$\{x_{ij}\}$是可能的完整性描述，它构成了一个矩阵形式，因此，也把决策表称为决策矩阵。$\{x_{ij}\}$的具体含义依赖于实际决策问题的性质，比如，收益矩阵或损失矩阵等。一般来说，可用实值效用函数 U_{ij} 来评价 x_{ij}。

决策矩阵是决策问题的一种量化表达形式，利用决策矩阵的形式，可对决策问题进行分类：

（1）确定性决策问题

确定性决策问题是决策者在进行决策之前，就已经知道了真实的自然状态，即可以确切地知道自然状态为 θ_1，则决策者所采取的各种行动 $a_1, a_2, \cdots, a_m$ 所得到结果 x_{11}，$x_{12}, \cdots, x_{1m}$ 也是确定的，则其决策表的形式如表2.2所示。

表2.2　确定性决策问题的决策表

状态	行动					
	a_1	a_2	$\cdots$	a_i	$\cdots$	a_m
θ_1	x_{11}	x_{12}	$\cdots$	x_{1i}	$\cdots$	x_{1m}

（2）严格不确定性决策问题

严格不确定性决策问题是决策者只能知道有哪些自然状态可能出现，但对各种可能的自然状态出现的概率的大小一无所知，也就是说，在不确定性决策问题的描述中，给出了可能出现的自然状态为 $\theta_1, \theta_2, \cdots, \theta_n$。如此，严格不确定性决策问题的决策表的形式，就是表2.1所示的形式。

（3）风险不确定性决策问题

风险不确定性决策问题中，决策者不但知道有哪些自然状态可能出现，即给出 θ_1，$\theta_2, \cdots, \theta_n$，而且也可以获得各种可能出现的自然状态的概率分布 $p(\theta_1), p(\theta_2), \cdots$，$p(\theta_n)$，也就是说，可以利用概率分布来量化不确定性。风险不确定性决策问题的决策表的形式如表2.3所示，即在表2.1中增加一行"$p(\theta_1), p(\theta_2), \cdots, p(\theta_n)$"。

2．决策树

许多决策问题都是分阶段进行的，需要在前期阶段基础上进行后期阶段决策。这类决策问题的特点是进行决策后又遇到一些新的情况，并需要进行新的决策。如此"决策、情况、决策……"构成一个序列，称为序列决策。序列决策的备选方案由其中各次决策的备选方案组合而成。序列决策的表示方法是决策树，即用树形结构来表示备选方案，以及自然状态和效用函数实值（益损值）之间的随机因果关系。

表 2.3　风险不确定性决策问题的决策表

行动	状态					
	θ_1	θ_2	$\cdots$	θ_i	$\cdots$	θ_n
	$p(\theta_1)$	$p(\theta_2)$	$\cdots$	$p(\theta_i)$	$\cdots$	$p(\theta_n)$
a_1	x_{11}	x_{12}	$\cdots$	x_{1i}	$\cdots$	x_{1n}
a_2	x_{21}	x_{22}	$\cdots$	x_{2i}	$\cdots$	x_{2n}
$\vdots$	$\vdots$	$\vdots$		$\vdots$		$\vdots$
a_j	x_{j1}	x_{j2}	$\cdots$	x_{ji}	$\cdots$	x_{jn}
$\vdots$	$\vdots$	$\vdots$		$\vdots$		$\vdots$
a_m	x_{m1}	x_{m2}	$\cdots$	x_{mi}	$\cdots$	x_{mn}

决策树由如下3个部分构成:

(1) 决策点与方案枝

在决策树中,"□"形的图形称为决策点.由决策点出发,引出若干不同的枝权,每条分枝代表着一个备选方案,称为方案枝.方案枝的末端可连接机会点或终点.

(2) 机会点与概率枝

在方案枝的末端,有时连接一个"○"形的图形结点,称它为机会点或状态点.由机会点引出若干枝权,每一分枝上标明状态名称及发生的概率枝.概率枝的末端连接另一个决策点或终点.

(3) 终点与效用值

在概率枝或方案枝末端,如果连接一个"△"形的图形,称它为决策终点.终点旁边应标明相应的效用函数值(收益值或损失值).

由这些部分构成的决策树的示意图,如图2.1所示.如果整树上只有一个决策点,称为单级决策树.如果不止一个决策点,而且在沿着枝权右移过程中还会遇到其他决策点,称为多级决策树.一般来说,每个决策问题都有多个备选方案,而每个备选方案可能遇到多种自然状态,从而形成树形网状结构图.简单火灾保险问题的决策树属于单级决策树,如图2.2所示.其中,a_1为购买保险,a_2为不购买保险;θ_1为发生火灾,发生火灾的概率是 $\pi(\theta_1) = p$,θ_2 为未发生火灾,未发生火灾的概率是 $\pi(\theta_2) = 1 - p$.

案例 2.2　油井钻探问题.某个公司拥有一块可能有石油的土地,决策者可以在这块土地上钻井,也可以不钻井;如果钻井,费用为 C,有油的概率为0.2,有油时净收益为 B,如果第一次钻井后没有出油,决策者又面临是否还钻第二口井的决策,此问题属于序列决策问题,决策树如图2.3所示,其中 a_1 为钻井,a_2 为不钻井,θ_1 为出油,θ_2 为不出油.

不确定性决策的量子理论与算法
Quantum Theory and Algorithms for Uncertain Decision-Making

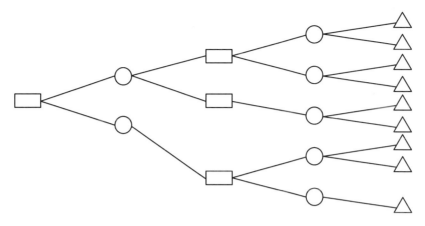

图 2.1　决策树示意图

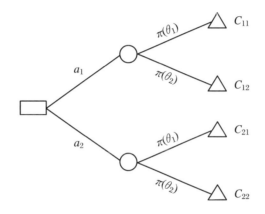

图 2.2　火灾保险问题的单级决策树

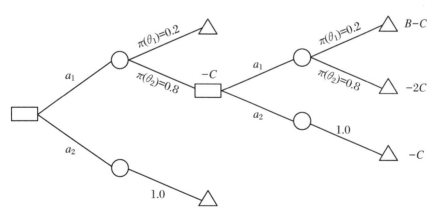

图 2.3　油井钻探问题的多级决策树

综上所述,对简单的不确定性决策问题,可利用决策表来表示,也可以利用单级决策树来表示,但对于较复杂的序列决策问题,只能用多级决策树来表示.

2.2.3　不确定性决策过程

不确定性决策过程是利用实际决策问题的有关知识和适当的数学与计算工具,求出存在各种不确定性因素的决策过程的解.不确定性决策过程的主要步骤如下:

1.　对实际决策问题进行全面且定量的描述

通常对需要求解的决策问题,多数是用自然语言对决策目标、约束条件和相关的不确定性因素,给出完整的描述.因此,必须把不确定性决策问题的定性描述转换为定量表示,即确定与决策目标相关的不确定性变量,定量表示与决策问题相关的不确定性因素,定量表述求解不确定性决策问题需要满足的约束条件等.

2.　设计各种可能的备选方案

根据决策目标和约束条件的要求,以及各种自然状态出现的可能性的信息,设计各种备选方案.如果所掌握的与决策问题有关的信息与以往经历过的模式相似或相等,即有成功的案例可循时,就可采用典型的标准方案作为备选方案,否则面临新的信息时,就需要深入分析与决策问题有关的知识,选取适当的数学工具,创造性地构想和设计出各种备选方案.

3.　反复论证,选择最优方案

在这个决策步骤中,决策者要根据适合决策问题的决策准则,反复论证,从若干个备选方案中,选择“最好”或“满意”的方案,并付诸实施.选择是通过列举决策问题所有可能的备选方案,并对这些备选方案进行定量评价.评价的准则取决于实际决策问题的性质.在选择过程中,可利用规范性的决策分析方法进行.决策分析方法与凭直觉做选择决策的重要区别在于是否利用数学模型.模型有助于深入理解现行的设计方案,进而提出新的方案.利用模型可以进行校验、测试,有很多进行修改的机会,寻找并克服其不足之处,决策分析是决策过程的具体操作方法.

案例 2.3　商店扩大进货问题.某商店将 3 万元资金投入扩大进货,用 $\theta_1, \theta_2, \theta_3$ 分别表示销路好、销路一般和销路差的 3 种自然状态.用 a_1, a_2, a_3 分别表示市外进货、市内进货和直接从厂方进货的 3 种备选进货方式.自然状态 $\theta_1, \theta_2, \theta_3$ 是属于随机不确定性状态. 此不确定性决策问题的决策表如表 2.4 所示.

表 2.4 商店扩大进货问题的决策表

方案	状态					
	θ_1		θ_2		θ_3	
	利润	概率	利润	概率	利润	概率
a_1	5	0.4	3	0.3	-3.5	0.3
a_2	3.5	0.5	2.5	0.3	1.5	0.2
a_3	4.5	0.6	3.5	0.2	0.1	0.2

根据决策表所给出的信息,决策的目标是确定最好的进货方式. 利用决策树表示方法,来求解此不确定性决策问题的解. 利用上述决策表的信息,可构建出此不确定性决策问题的决策树,如图 2.4 所示,其中,从左到右分别是决策点、方案枝、方案效果点、概率枝和结果点. 利用利润期望值 $E(a)$ 作为决策准则,计算 3 种方案 a_1, a_2, a_3 的利润期望值 $E(a_1), E(a_2)$ 和 $E(a_3)$,分别得到

$$E(a_1) = 5 \times 0.4 + 3 \times 0.3 + (-3.5) \times 0.3 = 1.85$$
$$E(a_2) = 3.5 \times 0.5 + 2.5 \times 0.3 + 1.5 \times 0.2 = 2.8$$
$$E(a_3) = 4.5 \times 0.6 + 3.5 \times 0.2 + 0.1 \times 0.2 = 3.42$$

由此计算结果可得到方案 a_3 的利润期望值最大,故应选择方案 a_3,即直接从厂方进货的方式.

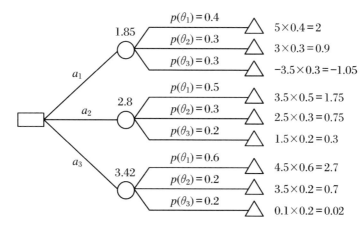

图 2.4 商店扩大进货问题的决策树

2.3　随机不确定性决策问题

在随机不确定性决策问题中,利用随机变量及其概率分布来定量表示各种随机不确定性因素,自然状态 $\theta_1,\theta_2,\cdots,\theta_n$ 是随机变量,由于自然状态的不确定性可导致决策结果的不确定性,用来评价结果的效用函数 $\{U_{ij}\}$ 也是不确定的.表达行动或方案(可统称为策略)的变量是确定性的决策变量.随机不确定性决策问题的备选方案可用 $f(\theta,a)$ 表示,它的具体表达形式可以是数学表达式、决策表、决策树和计算程序等.决策准则是衡量备选方案优劣的标准.利用决策准则可从各种备选方案中,选择出符合决策目标和约束条件的"最优"或"满意"的决策结果.因此,如何利用各种决策准则对随机不确定性决策问题进行决策分析是随机不确定性决策问题中的关键问题.

2.3.1　严格随机不确定性决策问题

严格随机不确定性决策问题取决于各种可能的自然状态的不确定性,但自然状态出现的概率分布是未知的.在这种情况下,决策准则与决策者对风险的态度密切相关.

1. 极大化极小准则(悲观准则)

按照这个准则,当决策者采取行动 a_i 时首先选取各个备选方案可能出现的最小收益 U_{ij} 的结果,即

$$S_i = \min_{j=1}^{n}\{U_{ij}(\theta_j,a_i)\}$$

然后再选择其中收益最大者,即表达为

$$S_k = \max_{i=1}^{m}\{S_i\} = \max_{i=1}^{m}\min_{j=1}^{n}\{U_{ij}\} \tag{2.1}$$

这个准则称为极大化极小准则,它是小中取大的准则:采取这种准则的决策者是从最坏处考虑风险的保守性的决策准则,反映了决策者的悲观估计,因此也被称为悲观准则.

案例 2.4　某决策问题有 3 种备选方案 a_1,a_2,a_3,自然状态有两种 θ_1,θ_2,其收益矩阵 $\{U_{ij}\}$ 如表 2.5 所示.求最终的决策方案.3 个方案在两种自然状态下的最小收益分别

为 1.5,0.7 和 -2,其中最大者为 1.5,它对应的方案是 a_1,因此按此准则选择方案 a_1 作为最终决策方案.

表 2.5　某决策问题的收益矩阵

方案	状态			
	θ_1	θ_2	min	max
a_1	1.5	2	1.5	2
a_2	3	0.7	0.7	3
a_3	6	-2	-2	6

2. 极大化极大准则(乐观准则)

按照这个准则,首先是找出各个方案的最大收益值,即

$$S_i = \max_{j=1}^{n}\{U_{ij}(\theta_j,a_i)\}$$

然后再选择其中收益最大的方案,作为决策方案,即

$$S_k = \max_{i=1}^{m} \max_{j=1}^{n}\{U_{ij}\} \tag{2.2}$$

此准则称为极大化极大准则,这是收益值大中取大的准则.此准则反映了决策者充满乐观的风险态度,不放弃任何一种追求最好结果的机会.因此,也被称为乐观准则.以案例 2.4 的收益矩阵表 2.5 为例,可知 3 个方案在两种自然状态下的最大收益值分别是 2,3 和 6,其中最大者为 6,它对应方案 a_3.因此,按此准则应选择 a_3 作为最终决策方案.

3. 拆中准则

在现实生活中,很少有人像悲观准则那么悲观,也很少有人像乐观准则那样乐观.现实决策者应该采取一种拆中准则:按照上述两种准则的加权平均来排列方案优劣次序,其中的权值 λ 称为拆中系数或乐观系数,$0 \leqslant \lambda \leqslant 1$.决策者在使用这个准则时,首先要根据实际决策问题的具体知识,来估计这个系数 λ 的值,然后对每一个方案,按如下公式计算其收益值 $E(a_i)$,再从中选择最大收益者 $E(a_k)$,即

$$E(a_i) = \lambda \max_{j=1}^{n}\{U_{ij}\} + (1-\lambda)\min_{j=1}^{n}\{U_{ij}\}$$

$$E(a_k) = \max_{i=1}^{m}\{E(a_i)\} \tag{2.3}$$

由此式可以看到:当 $\lambda=1$ 时是乐观准则,当 $\lambda=0$ 时是悲观准则,而当 $0<\lambda<1$ 时是两种

准则的折中.

仍以表 2.5 的数据为例,若取折中系数 $\lambda = 0.7$,对于方案 a_1, a_2, a_3,可分别得到

$$E(a_1) = 0.7 \times \max\{1.5, 2\} + (1 - 0.7) \times \min\{1.5, 2\} = 1.85$$

$$E(a_2) = 0.7 \times \max\{3, 0.7\} + (1 - 0.7) \times \min\{3, 0.7\} = 2.31$$

$$E(a_3) = 0.7 \times \max\{6, -2\} + (1 - 0.7) \times \min\{6, -2\} = 3.6$$

再从这三个折中收益值 $E(a_1), E(a_2), E(a_3)$ 中取极大值,即

$$E(a_k) = \max\{E(a_1), E(a_2), E(a_3)\}$$
$$= \max\{1.85, 2.31, 3.6\} = 3.6$$

对应的方案是 a_3,从而选择 a_3 作为最终的决策方案.

4. 等概率准则

由于不能确切知道每个自然状态出现的概率,最简单的假设是每个状态出现的概率相同,则每种状态出现的概率 $p = \dfrac{1}{n}$.利用此主观概率,可求出每个方案的期望收益值 $E(a_i)$ 为

$$E(a_i) = \frac{1}{n} \sum_{j=1}^{n} U_{ij} \tag{2.4}$$

然后,再从中选择期望收益值最大者作为最终的决策方案,即

$$E(a_k) = \max_{i=1}^{m}\{E(a_i)\} = \frac{1}{n} \max_{i=1}^{m} \sum_{j=1}^{n} U_{ij} \tag{2.5}$$

现以表 2.5 为例,对于方案 a_1, a_2, a_3 分别得到期望收益值 $E(a_i)$ 为

$$E(a_1) = \frac{1}{2}(1.5 + 2) = \frac{3.5}{2}$$

$$E(a_2) = \frac{1}{2}(3 + 0.7) = \frac{3.7}{2}$$

$$E(a_3) = \frac{1}{2}(6 - 2) = \frac{4}{2}$$

求其最大者,即

$$E(a_k) = \max\{E(a_1), E(a_2), E(a_3)\} = \frac{4}{2}$$

它对应于方案 a_3，则最终决策方案为 a_3.

2.3.2 风险随机不确定性决策问题

这类不确定性决策问题可以表述为已知各种可能出现的自然状态 $\theta_1,\theta_2,\cdots,\theta_n$，及其发生的概率 $P_i(\theta_i)$，$\sum_{i=1}^{n} P_i = 1(i = 1,2,\cdots,n)$，决策矩阵元素 $\{U_{ij}(\theta_i,a_j)\}$，要求根据 $\{U_{ij}\}$ 和 $\{P_i\}$ 的信息及其他与决策问题有关的其他信息，从各种备选方案 $\{a_j\}$ 中选出最好的方案.风险随机不确定性决策问题按照状态概率的获得方法可分为先验概率决策分析方法和后验概率决策分析方法.

1. 先验概率决策分析方法

根据历史资料或经验判断得到的概率称为先验概率，或称为主观概率.先验概率决策分析方法有最大概率决策法和期望值决策法.

（1）最大概率决策法

最大概率决策法包含最大状态概率决策准则和最大累计概率决策准则两种.

最大状态概率决策准则只考虑发生概率最大的自然状态，从该状态下的各方案中选取收益值最高的方案，作为最终的决策方案.

案例 2.5 某决策问题有 4 种备选方法 a_1,a_2,a_3,a_4 和 3 种自然状态 $\theta_1,\theta_2,\theta_3$ 及其概率分布 p_1,p_2,p_3，收益矩阵 $\{U_{ij}\}$ 如表 2.6 所示.

表 2.6 某决策问题的收益矩阵

方案	状态		
	θ_1	θ_2	θ_3
	$P_1 = 0.4$	$P_2 = 0.5$	$P_3 = 0.1$
a_1	0.6	0.7	0.8
a_2	0.7	0.6	0.7
a_3	0.7	0.6	0.5
a_4	0.5	0.6	0.5

从表 2.6 可知，自然状态 θ_2 发生的概率 $P_2 = 0.5$ 最大，在此状态下，收益值最高为 0.7，对应的是 a_1 方案，故按此种决策准则，应选择 a_1 为最优方案.

最大累计概率决策准则是分别计算每个方案的收益值在某个满意水准以上的相应

概率的累计值,选取其中累计概率最大的方案为最终的决策方案.

案例 2.6 某决策问题有 7 种自然状态 $\theta_1,\theta_2,\theta_3,\theta_4,\theta_5,\theta_6,\theta_7$ 及其概率分布 P_1, P_2,P_3,P_4,P_5,P_6,P_7,5 种备选方案 a_1,a_2,a_3,a_4,a_5,收益矩阵 $\{U_{ij}\}$ 如表 2.7 所示.设满意水准的收益值为 1.6,利用表 2.7 中的数据,可以计算出每个备选方案的收益值 $\geqslant$ 1.6 的对应状态的累计概率分别为

$$P(a_1) = 0.2 + 0.14 + 0.14 + 0.12 + 0.10 = 0.70$$
$$P(a_2) = 0.14 + 0.14 + 0.12 + 0.10 = 0.50$$
$$P(a_3) = 0.14 + 0.14 + 0.12 + 0.10 = 0.50$$
$$P(a_4) = 0.14 + 0.12 + 0.10 = 0.36$$
$$P(a_5) = 0.14 + 0.12 + 0.10 = 0.36$$

由此可以得到,方案 a_1 的累计概率 $P(a_1) = 0.70$ 为最高,表明方案 a_1 达到或超过满意水准的概率最大,所以应选择方案 a_1 为最终的决策方案.

表 2.7　某决策问题的收益矩阵

方案	状态						
	θ_1	θ_2	θ_3	θ_4	θ_5	θ_6	θ_7
	$P_1 = 0.08$	$P_2 = 0.22$	$P_3 = 0.20$	$P_4 = 0.14$	$P_5 = 0.14$	$P_6 = 0.12$	$P_7 = 0.10$
a_1	1.2	1.4	1.6	1.6	1.6	1.6	1.6
a_2	1.1	1.3	1.5	1.7	1.7	1.7	1.7
a_3	1.0	1.2	1.4	1.6	1.8	1.8	1.8
a_4	0.9	1.1	1.3	1.5	1.7	1.9	1.9
a_5	0.8	1.0	1.2	1.4	1.6	1.8	2.0

(2) 期望值决策法

期望值是指某个方案在每个状态下收益值的加权平均值,加权系数是每个状态发生的概率,期望值决策法包括最大期望收益准则和最小期望损失准则.

最大期望收益准则是以每个方案期望收益作为选择决策方案的标准.首先需要计算每个备选方案的期望收益值 $E_{\mathrm{MV}}(a_i)$,具体计算公式为

$$E_{\mathrm{MV}}(a_i) = \sum_{j=1}^{n} P_j U_{ij}, \quad i = 1,2,\cdots,m \tag{2.6}$$

其中,U_{ij} 表示方案 a_i 在自然状态 θ_j 下的收益值,然后,选择最大期望值所对应的方案为最终决策方案,即

$$E_{MV}(a_k) = \max_{i=1}^{m}\{E_{MV}(a_i)\} \tag{2.7}$$

案例 2.7　某决策问题有 4 种自然状态 $\theta_1, \theta_2, \theta_3, \theta_4$ 及其概率分布 P_1, P_2, P_3, P_4, 4 种备选方案 a_1, a_2, a_3, a_4, 收益矩阵 $\{U_{ij}\}$ 如表 2.8 所示.

表 2.8　某决策问题的收益矩阵

方案	状态			
	θ_1	θ_2	θ_3	θ_4
	$P_1 = 0.2$	$P_2 = 0.4$	$P_3 = 0.3$	$P_4 = 0.1$
a_1	500	500	500	500
a_2	470	550	550	550
a_3	440	520	600	600
a_4	410	490	650	650

利用表 2.8 中的数据, 不难计算出:

$$E_{MV}(a_1) = 0.2 \times 500 + 0.4 \times 500 + 0.3 \times 500 + 0.1 \times 500 = 500$$

$$E_{MV}(a_2) = 0.2 \times 470 + 0.4 \times 550 + 0.3 \times 550 + 0.1 \times 550 = 534$$

$$E_{MV}(a_3) = 0.2 \times 440 + 0.4 \times 520 + 0.3 \times 600 + 0.1 \times 600 = 536$$

$$E_{MV}(a_4) = 0.2 \times 410 + 0.4 \times 490 + 0.3 \times 650 + 0.1 \times 650 = 538$$

从而得到

$$E_{MV}(a_k) = \max\{E_{MV}(a_1), E_{MV}(a_2), E_{MV}(a_3), E_{MV}(a_4)\} = 538$$

它对应于方案 a_4, 所以选择 a_4 为最终决策方案.

最小期望损失准则是以每个方案的期望损失作为选择决策方案的标准. 首先, 需要计算每个方案 a_i 的期望损失值 $E_{ML}(a_i)$, 即

$$E_{ML}(a_i) = \sum_{j=1}^{n} P_j \theta_{ij}, \quad i = 1, 2, \cdots, m \tag{2.8}$$

然后, 选择最小期望值 $E_{ML}(a_k)$ 所对应的方案为最终决策方案, 即

$$E_{ML}(a_k) = \min_{i=1}^{m}\{E_{ML}(a_i)\} \tag{2.9}$$

案例 2.8　某决策问题有 3 种自然状态 $\theta_1, \theta_2, \theta_3$ 及其概率分布 P_1, P_2, P_3, 有两种备选方案 a_1, a_2, 损失矩阵 $\{l_{ij}\}$ 如表 2.9 所示. 利用表 2.9 中的数据, 可计算出

$$E_{ML}(a_1) = 0.6 \times 100 + 0.3 \times 100 + 0.1 \times 100 = 100$$

$$E_{ML}(a_2) = 0.6 \times 62.5 + 0.3 \times 125 + 0.1 \times 187.5 = 93.75$$

从而得到

$$E_{ML}(a_k) = \min\{E_{ML}(a_1), E_{ML}(a_2)\} = 93.75$$

它对应于方案 a_2，故选择 a_2 为最终决策方案.

表 2.9 某决策问题的两种备选方案损失矩阵

方案	状态		
	θ_1	θ_2	θ_3
	$P_1 = 0.6$	$P_2 = 0.3$	$P_3 = 0.1$
a_1	100	100	100
a_2	62.5	125	187.5

2. 后验概率决策分析方法

先验概率决策分析中所使用的状态概率都是根据历史资料或经验判断得到信息. 在此基础上，再补充现实中发生的新的信息，就可以计算出新的状态概率，这种新的概率称为后验概率. 利用后验概率进行决策分析的过程，称为后验概率决策分析，也叫作贝叶斯决策分析，因为计算后验概率的方法是基于贝叶斯定理，利用新获得的信息去修正自然状态的先验概率分布，可以得到更接近实际状态的后验概率分布，从而提高决策分析的准确性.

（1）全概率公式

设集合 $\Omega = \{B_1, B_2, \cdots, B_n\}$，概率 $P(B_i) > 0$，$B_i \bigcap B_j = \varnothing (i \neq j)$，集合 Ω 上的随机事件用 $\sum_i B_i$ 表示，即 $\sum_i B_i \subseteq \Omega$，对于 Ω 上任意事件 $A \subseteq \sum_i B_i$ 发生的概率 $P(A)$ 可表达为

$$P(A) = \sum_i P(B_i) P(A \mid B_i) \tag{2.10}$$

其中，$P(A \mid B_i)$ 表示在 B_i 已知条件下，发生事件 A 的条件概率，通常称式(2.10)为全概率公式.

案例 2.9 某工厂有甲、乙和丙 3 个车间生产同一型号的螺钉，各车间的产量分别占全厂产量的 25%，35% 和 40%，各车间的次品率分别为 5%，4% 和 2%. 现从全厂产品中任取一件产品，问抽到不合格螺钉的概率是多少？

设 $A = \{$不合格品$\}$，$B_1 = \{$甲车间生产的螺钉$\}$，$B_2 = \{$乙车间生产的螺钉$\}$，$B_3 = \{$丙

车间生产的螺钉}，则"不合格品" A 的概率 $P(A)$ 为

$$
\begin{aligned}
P(A) &= P(B_1)P(A \mid B_1) + P(B_2)P(A \mid B_2) + P(B_3)P(A \mid B_3) \\
&= 0.25 \times 0.05 + 0.35 \times 0.04 + 0.4 \times 0.02 \\
&= 0.0345
\end{aligned}
$$

（2）贝叶斯公式

设随机事件 A 和 B_i 满足 $P(A) > 0, A \subseteq \sum\limits_i B_i, B_i \cap B_j = \varnothing(i \neq j)$，则有

$$
P(B_i \mid A) = \frac{P(B_i)P(A \mid B_i)}{\sum\limits_i P(B_i)P(A \mid B_i)} \tag{2.11}
$$

其中，$P(B_i)$ 为随机变量 B_i 的先验概率，$P(A|B_i)$ 为在 B_i 已知条件下，发生随机事件 A 的条件概率，或称为似然概率，而 $P(B_i|A)$ 为在发生随机事件 A 的条件下，随机变量 B_i 的后验概率，通常称式(2.11)为贝叶斯公式.

利用贝叶斯公式，对案例 2.9 而言，可以进一步计算对于所抽到的"不合格产品" A 以后，甲、乙和丙 3 个车间对此不合格产品 A，各自应承担多少比例的责任.通过计算可得

$$
P(B_i \mid A) = \frac{P(B_i)P(A \mid B_i)}{\sum\limits_{i=1} P(B_i)P(A \mid B_i)} =
\begin{cases}
\dfrac{0.25 \times 0.05}{0.0345} = 0.362, & i = 1 \\[2mm]
\dfrac{0.35 \times 0.04}{0.0345} = 0.406, & i = 2 \\[2mm]
\dfrac{0.4 \times 0.02}{0.0345} = 0.232, & i = 3
\end{cases}
$$

此计算结果表明，乙车间应承担的责任最大，其次为甲车间，丙车间承担的责任最小.

（3）贝叶斯决策分析

贝叶斯决策分析方法是首先利用贝叶斯定理把自然状态的先验概率 $P(\theta_i)$ 转换为后验概率 $P(\theta_i|A)$，其中 A 是提供新信息的随机事件，似然概率 $P(A|\theta_i)$ 描述了在自然状态 θ_i 条件下，发生随机事件 A 的概率；然后利用后验概率 $P(A|\theta_i)$ 代替先验概率 $P(\theta_i)$，计算出后验收益期望值 $E(a_i|H_i)$.

案例 2.10　某海域天气变化无常，捕鱼船队每天早晨要决定今天是否出海.若派船出海，每天可获收益 15000 元；若遇阴雨天，损失 5000 元.根据气象资料，该海域在当前

季节晴天概率为0.8,阴雨天概率为0.2,气象站预报晴天的准确率为0.95,预报阴雨天的准确率为0.90.问:若某天气象站预报为晴天,是否出海? 若预报为阴雨天,是否出海?

用 a_1 和 a_2 分别表示出海和不出海的两个方案,用 θ_1 和 θ_2 分别表示晴天和阴雨天两种自然状态.若不利用气象站的预报,则 θ 的先验概率分布 $p(\theta)$ 和决策收益矩阵,如表2.10所示,两个方案的期望收益分别为

$$E(a_1) = 15000 \times 0.8 - 5000 \times 0.2 = 11000$$

$$E(a_2) = 0 \times 0.8 + 0 \times 0.2 = 0$$

表2.10　不利用气象站预报的先验概率分布和决策收益矩阵

方案	状态	
	θ_1	θ_2
	$P_1 = 0.8$	$P_2 = 0.2$
a_1	15000	-5000
a_2	0	0

按照先验概率分析,最优方案是 a_1,即派船出海.气象站的预报给出了晴天(A_1)和阴雨天(A_2)两个新的信息.根据所给条件,可得到似然概率矩阵如表2.11所示.当 A_1 发生,即预报为晴天时,根据全概率公式和贝叶斯定理,可计算出

$$P(A_1) = P(A_1 \mid \theta_1)P(\theta_1) + P(A_1 \mid \theta_2)P(\theta_2)$$

$$= 0.95 \times 0.8 + 0.10 \times 0.2 = 0.78$$

$$P(\theta_1 \mid A_1) = \frac{P(A_1 \mid \theta_1)P(\theta_1)}{P(A_1)} = \frac{0.76}{0.78} = 0.9744$$

$$P(\theta_2 \mid A_1) = \frac{P(A_1 \mid \theta_2)P(\theta_2)}{P(A_1)} = \frac{0.02}{0.78} = 0.0256$$

表2.11　利用气象站预报的似然概率矩阵

状态	概率		
	$P(\theta)$	$P(A_1 \mid \theta)$	$P(A_2 \mid \theta)$
θ_1	0.8	0.95	0.05
θ_2	0.2	0.10	0.90

当 A_2 发生,即预报为阴雨天时,同样求得:

$$P(A_2) = 1 - P(A_1) = 0.22$$

$$P(\theta_1 \mid A_2) = \frac{P(A_2 \mid \theta_1)P(\theta_1)}{P(A_2)} = \frac{0.04}{0.22} = 0.1818$$

$$P(\theta_2 \mid A_2) = 1 - P(\theta_1 \mid A_2) = 1 - 0.1818 = 0.8182$$

从而得到后验概率矩阵如表 2.12 所示. 当预报为晴天时,用后验概率 $P(\theta_1 \mid A_2)$ 代替先验概率 $P(\theta_1)$ 和 $P(\theta_2)$,计算得到 a_1 和 a_2 的后验收益期望值为

$$E(a_1 \mid A_1) = 15000 \times 0.9744 - 5000 \times 0.0256 = 14488$$

$$E(a_2 \mid A_1) = 0$$

则

$$\max\{E(a_1 \mid A_1), E(a_2 \mid A_1)\} = \max\{14488, 0\} = 14488$$

这个结果表明,最优方案为 a_1,即派船出海.

表 2.12　利用气象站预报的后验概率矩阵

	$P(A_1) = 0.78$	$P(A_2) = 0.22$
$P(\theta_1 \mid A)$	0.9744	0.1818
$P(\theta_2 \mid A)$	0.0256	0.8182

当预报为阴雨天时,由另一组后验概率得

$$E(a_1 \mid A_2) = 15000 \times 0.1818 - 5000 \times 0.8182 = -1364$$

$$E(a_2 \mid A_2) = 0$$

则

$$\max\{E(a_1 \mid A_2), E(a_2 \mid A_2)\} = \max\{-1364, 0\} = 0$$

这个结果表明,最优方案为 a_2,即不派船出海.

综上所述,通过观察和试验,可以获得有关不确定性决策问题的新的信息,利用贝叶斯决策分析方法,可以修正先验概率分布,获得关于自然状态的更符合实际情况的概率分布,从而提高决策结果的准确性. 贝叶斯决策分析方法在不确定性决策问题中有着重要作用.

2.4 模糊不确定性决策问题

在模糊不确定性决策问题中,凡是决策者不能精确定义的参数、概率和事件等,都被处理成某种适当的模糊集合,蕴含着一系列具有不同置信水平的可能选择.这种柔性的数据结构与灵活的选择方式,增强了模糊模型的表现力和适应性,已广泛应用于科学决策的各个领域.模糊决策理论在发展决策思想、决策逻辑和决策技术方面都发挥了重要作用.

2.4.1 模糊不确定性决策问题的表示方法

1. 模糊目标

模糊目标 $\widetilde{G}$ 是决策者对目标的某种不分明的要求,被表示为论域 X 上的一个模糊集合,其隶属函数 $\mu_{\widetilde{G}}(x)$ 反映备选方案 x 相对于目标 $\widetilde{G}$ 所能达到的满意程度.

案例 2.11　设论域 $X = \mathbf{R}^+$,即正实数值,模糊目标 $\widetilde{G} =$ "x 明显地小于 10",则隶属函数 $\mu_{\widetilde{G}}(x)$ 可表达为

$$\mu_{\widetilde{G}}(x) = \begin{cases} (10 - x)/10, & 0 < x \leqslant 10 \\ 0, & x > 10 \end{cases}$$

在本例中,决策目标的模糊性来源于目标陈述中的修饰性副词"明显地".

2. 模糊约束

模糊约束 $\widetilde{C}$ 是对备选方案的一种不严格的限制,表示为方案域 X 上的一个模糊集合,其隶属函数 $\mu_{\widetilde{C}}(x)$ 表示方案 x 符合约束条件的程度.

案例 2.12　设 $X = \mathbf{R}^+$,$\widetilde{C} =$ "x 接近于 7",其隶属函数 $\mu_{\widetilde{C}}(x)$ 可表达为

$$\mu_{\widetilde{C}}(x) = [1 + (x - 7)^2]^{-1}, \quad \forall x \in \mathbf{R}^+$$

本例中,约束条件的模糊性来源于约束条件陈述中的修饰性副词"接近于".

3. 模糊决策

若 $\widetilde{G}$ 和 $\widetilde{C}$ 是方案域(或策略空间)中的模糊集合,则模糊决策 $\widetilde{D}$ 也是方案域 X 中的一种模糊集合,模糊决策 $\widetilde{D}$ 定义为 $\widetilde{G}$ 和 $\widetilde{C}$ 的交集,即

$$\widetilde{D} = \widetilde{G} \bigcap \widetilde{C} \tag{2.12}$$

其隶属函数 $\mu_{\widetilde{D}}(x)$ 表达为

$$\mu_{\widetilde{D}}(x) = \min\{\mu_{\widetilde{G}}(x), \mu_{\widetilde{C}}(x)\}, \quad \forall x \in X \tag{2.13}$$

其中,min 称为极小算子,即取 $\mu_{\widetilde{G}}(x)$ 和 $\mu_{\widetilde{C}}(x)$ 中的极小者.

在模糊决策中,使隶属函数 $\mu_{\widetilde{D}}(x)$ 取得最大值的方案,记作 $M^* = \{x_m \mid x \in X, \mu_{\widetilde{D}}(x_m) \geqslant \mu_{\widetilde{D}}(x)\}$,称为最大决策集合.如果 $\mu_{\widetilde{D}}(x)$ 在 M^* 中有唯一最大值 x^*,则 x^* 对应的方案,称为极大化决策,其隶属函数 $\mu_{\widetilde{D}}(x^*)$ 为

$$\mu_{\widetilde{D}}(x^*) = \max_x \min\{\mu_{\widetilde{G}}(x), \mu_{\widetilde{C}}(x)\}$$

在模糊决策式(2.12)的定义中,取 $\widetilde{D}$ 与 $\widetilde{C}$ 的交集,以及隶属函数 $\mu_{\widetilde{D}}(x)$ 的定义(2.13)中,取 $\mu_{\widetilde{G}}(x)$ 和 $\mu_{\widetilde{C}}(x)$ 中的最小者,都是从最差的情况出发来考虑的,这种模糊决策是属于悲观型.若从最好的情况出发来考虑,可采用乐观型的模糊决策;利用 $\widetilde{G}$ 和 $\widetilde{C}$ 的并集来定义模糊决策 $\widetilde{D}$,即

$$\widetilde{D} = \widetilde{G} \bigcup \widetilde{C} \tag{2.14}$$

并且隶属函数 $\mu_{\widetilde{D}}(x)$,取极大算子 max,即

$$\mu_{\widetilde{D}}(x) = \max\{\mu_{\widetilde{G}}(x), \mu_{\widetilde{C}}(x)\}, \quad \forall x \in X \tag{2.15}$$

案例 2.13 若 $X = \mathbf{R}^+$,模糊目标 $\widetilde{G}$ = "x 明显地小于 10"和 $\widetilde{C}$ = "x 接近于 7",即

$$\mu_{\widetilde{G}}(x) = \frac{10 - x}{10}$$

$$\mu_{\widetilde{C}}(x) = [1 + (x - 7)^2]^{-1}$$

则取悲观型模糊决策定义,有

$$\widetilde{D} = \widetilde{G} \bigcap \widetilde{C}$$

$$\mu_{\widetilde{D}}(x) = \min_x\{\mu_{\widetilde{G}}(x), \mu_{\widetilde{C}}(x)\}$$

$$= \begin{cases} [1 + (x - 7)^2]^{-1}, & 0 \leqslant x \leqslant 5.815 \\ (10 - x)/10, & 5.815 \leqslant x \leqslant 10 \\ 0, & x > 10 \end{cases}$$

其中,极大化决策 $x^* = 5.815$,具有隶属度 $\mu_{\bar{D}}(x^*) = 0.42$.

2.4.2 模糊不确定性决策问题的分析方法

现以模糊线性决策问题为具体对象,阐述模糊决策问题的分析方法.线性决策模型可表达为

$$\max Z = f(x) = C^{\mathrm{T}} x \tag{2.16}$$
$$\text{s. t.} \begin{cases} Ax \leqslant b \\ x \leqslant 0 \end{cases}$$

其中,x 是决策变量,$C \in \mathbf{R}^n$,$b \in \mathbf{R}^m$ 和 $A \in \mathbf{R}^{m \times n}$ 表示相关状态,Z 是变量与状态相结合导致的事件,而 $f(x)$ 是效用函数.在模糊线性决策模型中,式(2.16)的任何部分都可以用适当的方式将其模糊化:状态函数 C, b, A 可以是模糊数,约束条件下写成模糊集形式,目标函数可表示为模糊函数.选取不同的模糊对象与模糊方式,会导致不同类型的模糊线性决策模型.

1. 模糊线性决策问题的对称模型

在某些实际决策问题中,决策者不要求目标函数 $f(x)$ 达到最大值,只要求达到一定的满意程度.同时,对约束条件也不要求严格满足,允许它们有一定程度的松弛.这种情况下的线性决策问题,可写成如下的模糊形式:

$$\widetilde{\max} Z = f(x) = C^{\mathrm{T}} x \tag{2.17}$$
$$\text{s. t.} \begin{cases} Ax \underset{\sim}{\leqslant} b \\ x \geqslant 0 \end{cases}$$

若 Z 表示决策者期望的目标,则也可把这种模糊线性决策模型写成如下形式:

$$\begin{cases} C^{\mathrm{T}} x \underset{\sim}{\geqslant} Z_0 \\ Ax \underset{\sim}{\leqslant} b \\ x \geqslant 0 \end{cases} \tag{2.18}$$

其中,"$\underset{\sim}{\geqslant}$"和"$\underset{\sim}{\leqslant}$"是模糊不等式的符号,前者表示"基本上大于或等于",后者表示"基本

上小于或等于". 若把式(2.18)中的模糊目标 $C^\mathrm{T} x \underset{\sim}{\geqslant} Z_0$ 改写为形式 $-C^\mathrm{T} x \underset{\sim}{\leqslant} -Z_0$, 将可与模糊约束条件 $Ax \underset{\sim}{\leqslant} b$ 的方向保持一致. 如此, 模糊目标与模糊约束所处的位置是完全对称的. 因此, 把式(2.18)称为模糊线性决策问题的对称性模型.

如果把目标和约束条件归结为一个统一形式, 记 $(-C^\mathrm{T} A)^\mathrm{T} = A'$, $(-Z_0 b)^\mathrm{T} = b'$, 则式(2.18)可进一步改写为

$$\begin{cases} A'x \underset{\sim}{\leqslant} b' \\ x \geqslant 0 \end{cases} \tag{2.19}$$

式(2.19)包含 $m+1$ 行, 每一行都对应着一个模糊集, 其隶属函数 $\mu_i(x)(i = 0,1,2,\cdots,m)$ 应满足如下条件: 当限制被严重违反时, $\mu_i(x) = 0$; 当限制被完全满足时, $\mu_i(x) = 1$; 随着限制从被严重违反到被完全满足, $\mu_i(x)$ 从 0 单调地增加到 1, 从而把 $\mu_i(x)$ 定义为如下的线性函数:

$$\mu_i(x) = \begin{cases} 1, & (A'x)_i \leqslant (b')_i \\ 1 - \dfrac{1}{d_i}[(A'x)_i - (b')_i], & (b')_i \leqslant (A'x)_i \leqslant (b')_i + d_i, \quad i = 0,1,2,\cdots,m \\ (A'x)_i \geqslant (b')_i + d_i \end{cases}$$
$$\tag{2.20}$$

其中, $(A')_0 = Cx$, $(b')_0 = Z_0$, d_i 是决策者给定的常数, 表示相应目标或约束容许违反的限度.

现取悲观型决策准则, 即取式(2.12)和式(2.13), 模糊决策集 $\widetilde{D}$ 的隶属函数 $\mu_{\widetilde{D}}(x)$ 为

$$\mu_{\widetilde{D}}(x) = \min_i \{\mu_i(x)\} \tag{2.21}$$

模糊线性决策问题式(2.19)的解是一个模糊集合 $\widetilde{D}$. 如果决策者需要的结果不是解的模糊集合, 而是一个最优或最满意的解, 则可引入一个新的变量 $\lambda = \mu_{\widetilde{D}}(x)(0 \leqslant \lambda \leqslant 1)$, 即用 λ 代表决策的满意程度, 比如, 决策准则是 λ 值越大越好, 即把式(2.19)转换为

$$\max \lambda \tag{2.22}$$
$$\mathrm{s.t.} \begin{cases} \lambda d_i + (A'x)_i \leqslant (b')_i + d_i, \quad i = 0,1,2,\cdots,m \\ \lambda \in [0,1] \\ x \geqslant 0 \end{cases}$$

案例 2.14 生产组合问题. 某化工厂生产 3 种不同的化工产品, 分别记为 I, II 和 III; 每单位制品需要消耗原材料 A 和 B 的量分别为 6 单位、3 单位、4 单位和 5 单位、4 单

位、5 单位；单位制品的利润分别为 3 万元、4 万元、4 万元；原材料 A 和 B 的正常供应量分别是 1200 单位、1550 单位；有可能争取的额外供应量分别不超过 100 单位和 200 单位；工厂的期望利润为 1200 万元，可容忍的利润减少量为 150 万元.问：怎样安排每种产品的产量，以便获取的利润达到最满意的程度？

该生产组合问题可作为一个模糊线性决策问题，模糊性来源于利润目标和资源约束，是可以松弛的.根据实际问题提供的数据，可以把此问题表达为如下形式：

$$\widetilde{\max}\, Z = 3x_1 + 4x_2 + 4x_3$$

$$\text{s.t.}\quad \begin{cases} 6x_1 + 3x_2 + 4x_3 \mathrel{\widetilde{\leqslant}} 1200 \\ 5x_1 + 4x_2 + 5x_3 \mathrel{\widetilde{\leqslant}} 1550 \\ x_1, x_2, x_3 \geqslant 0 \end{cases}$$

其中，$Z_0 = 1700, d_0 = 150, d_1 = 100, d_2 = 200$.利用计算机程序，可计算出满意解为

$$\lambda^* = 0.5, \quad x^* = (0, 412, 0), \quad Z^* = 1650$$

2. 模糊线性决策问题的非对称模型

在模糊线性决策问题的非对称模型中，目标函数是清晰的，只是约束条件是模糊的，即目标函数与约束条件所处的位置是不对称的.这种模型可表达为

$$\max Z = C^{\mathrm{T}} X \tag{2.23}$$

$$\text{s.t.}\quad \begin{cases} AX \mathrel{\widetilde{\leqslant}} b \\ X \geqslant 0 \end{cases}$$

在模糊约束构成的可行解空间上的每一个截集上，可确定目标函数在截集上达到最优值的元素的集合.由于不同的 n 对应着不同的限制水平，只要在 a 的全部水平上进行综合，就可获得问题的最优决策集.由此，模糊线性决策问题的非对称模型的求解方法可表达如下：设模糊解空间的截集 C_a 为

$$C_a = \{x \mid x \in X, \mu_{\widetilde{C}}(x) \geqslant a\} \tag{2.24}$$

在 C_a 上的目标函数 M_a 为

$$M_a = \{x \mid x \in C_a, f(x) = \sup_{x' \in C_a} f(x')\} \tag{2.25}$$

则模糊线性决策问题非对称模型的最优决策集 $\widetilde{D}_{\text{优}}$ 可定义为

$$\widetilde{D}_{\text{优}} = \bigcup_{a \in [0,1]} aM_a \tag{2.26}$$

最优决策集合的隶属函数 $\mu_{\tilde{D}_{优}}(x)$ 表达为

$$\mu_{\tilde{D}_{优}}(x) = \begin{cases} \sup_{x \in M_a} \mu_{\tilde{C}}(x), & x \in M \\ 0, & 否则 \end{cases} \qquad (2.27)$$

其中

$$M = \bigcup_{a=0}^{1} M_a$$

在模糊线性决策问题非对称模型中,约束条件的模糊性不仅导致最优决策集为模糊集合,而且也导致目标函数的条件最优值构成了模糊集合 $\tilde{G}_{优}$,它表达为

$$\tilde{G}_{优} = \{z, \mu_{\tilde{G}}(z) \mid z = f(x), x \in M\} \qquad (2.28)$$

其中,隶属函数 $\mu_{\tilde{G}_{优}}(z)$ 表达为

$$\mu_{\tilde{G}_{优}}(z) = \begin{cases} \sup_{x \in f^{-1}(x)} \mu_{\tilde{D}_{优}}(x), & z \in C_1 \wedge f^{-1}(z) \neq 0 \\ 0, & 否则 \end{cases} \qquad (2.29)$$

对于每一个 $a \in [0, 1]$,相应的 $[x, \mu_{\tilde{C}}(x)]$ 和 $[z, \mu_{\tilde{G}}(z)]$ 可以从如下的参数线性模型中解得

$$\max Z = C^{\mathrm{T}} X \qquad (2.30)$$
$$\text{s.t.} \begin{cases} (AX)_i \leqslant b_i + (1-a)d_i & i = 1, 2, \cdots, m \\ X \leqslant 0 \end{cases}$$

随着 a 从 0 到 1 的逐渐变化,求解式(2.30)将会给出原问题式(2.23)的最优解的模糊集合.如果决策者还要进一步得到一个分明的最优解,还必须选择 $[z, \mu_{\tilde{G}}(z)]$.

案例 2.15 实际决策问题的具体模型为

$$\max Z = 4x_1 + 3x_2$$
$$\text{s.t.} \begin{cases} 3x_1 + 2x_2 \lesssim 10 \\ x_1 + 2x_2 \lesssim 8 \\ x_1, x_2 \geqslant 0 \end{cases}$$

其中,约束条件容许的松弛 $d_1 = 4, d_2 = 2$,则相应的参数线性模型为

$$\max Z = 4x_1 + 3x_2$$

$$\text{s.t.} \quad \begin{cases} 3x_1 + 2x_2 \leqslant 14 - 4a \\ x_1 + 2x_2 \leqslant 10 - 2a \\ x_1, x_2 \geqslant 0 \end{cases}$$

对任意给定 $a = [0, 1]$,可以求出相应最优解 (x_1^a, x_2^a) 和最优目标值 $Z = 4x_1^a + 3x_2^a$,如表 2.13 所示.

表 2.13　相应最优解和最优目标值

a	x_1	x_2	$Z = f(x)$
0	2.0	4.0	20
0.2	1.8	3.9	18.9
0.4	1.6	3.8	17.8
0.6	1.4	3.7	16.7
0.8	1.2	3.6	15.6
1.0	1.0	3.5	14.5

3. 含模糊系数的线性决策问题

含有模糊系数的线性决策问题,可表示为如下的一般形式:

$$\max Z = (\widetilde{C})^{\mathrm{T}} X \tag{2.31}$$

$$\text{s.t.} \quad \begin{cases} \widetilde{A} X \underset{\sim}{\leqslant} \bar{b} \\ X \geqslant 0 \end{cases}$$

其中,$\widetilde{C}, \widetilde{A}$ 和 $\bar{b}$ 的全部或部分元素是模糊数.

在模型(2.31)的求解中,可把 $\widetilde{A}, \bar{b}$ 和 $\widetilde{C}$ 的元素都取为三角模糊数,即用 L-R 模糊数表示决策问题中的不确切数字.

(1) 模糊约束的资源函数 $\widetilde{A}$ 和 $\bar{b}$ 为模糊数的线性决策模型为

$$\max Z = (\widetilde{C})^{\mathrm{T}} X \tag{2.32}$$

$$\text{s.t.} \quad \begin{cases} \widetilde{A} X \leqslant \bar{b} \\ X \geqslant 0 \end{cases}$$

若用三角模糊数表示资源系数,可把式(2.32)转换为如下形式:

$$\max Z = \sum_{j=1}^{n} C_j x_j \tag{2.33}$$

$$\text{s.t.} \begin{cases} \sum_{j=1}^{n} a_{ij}x_j \leqslant b_i, & i = 1, 2, \cdots, m \\ \sum_{j=1}^{n} a_{ij}^{\mathrm{L}} x_j \leqslant b_i^{\mathrm{L}}, & i = 1, 2, \cdots, m \\ \sum_{j=1}^{n} a_{ij}^{\mathrm{R}} x_j \leqslant b_i^{\mathrm{R}}, & i = 1, 2, \cdots, m \\ x_{ij} \geqslant 0, & i = 1, 2, \cdots, m; j = 1, 2, \cdots, n \end{cases}$$

其中, a_{ij}^{L} 和 a_{ij}^{R} 分别是模糊数系数 a_{ij} 和 b_{ij} 的左、右边界值.

案例 2.16 某药品加工厂生产甲、乙两种药品,甲种药品每千克利润 3 万元,乙种药品每千克利润 4 万元,生产每千克甲种药品需要原材料 A 接近 4 千克,需要原材料 B 20多千克,生产每千克乙种药品需要原材料 A 约 12 千克,需要原材料 B 约 6.4 千克.现原材料 A 还有约 4600 千克,原材料 B 还有 4800 多千克.问:应该如何安排甲、乙两药品的产量以使利润最大?

首先,用 L-R 模糊数表示问题中的不确切数字:

"接近 4 千克": $\widetilde{4} = (4;1,0)_{\mathrm{LR}}$

"20 多千克": $\widetilde{20} = (20;0,0.5)_{\mathrm{LR}}$

"约 12 千克": $\widetilde{12} = (12;1,1)_{\mathrm{LR}}$

"约 6.4 千克": $\widetilde{6.4} = (6.4;1,1)_{\mathrm{LR}}$

"约 4600 千克": $\widetilde{4600} = (4600;100,100)_{\mathrm{LR}}$

"4800 多千克": $\widetilde{4800} = (4800;200,450)_{\mathrm{LR}}$

其次,设甲、乙两种药品的产量分别为 x_1 千克和 x_2 千克,则此问题的数学模型为

$$\max Z = 3x_1 + 4x_2$$

$$\text{s.t.} \begin{cases} \widetilde{4}x_1 + \widetilde{20}x_2 \leqslant \widetilde{4600} \\ \widetilde{12}x_1 + \widetilde{6.4}x_2 \leqslant \widetilde{4800} \\ x_1, x_2 \geqslant 0 \end{cases}$$

现把此线性模型转换为如下形式:

$$\max Z = 3x_1 + 4x_2$$

$$\text{s.t.} \begin{cases} 4x_1 + 20x_2 \leqslant 4600 \\ 3x_1 + 20x_2 \leqslant 4500 \\ 4x_1 + 20.5x_2 \leqslant 4700 \\ 12x_1 + 6.4x_2 \leqslant 4800 \\ 11x_1 + 5.4x_2 \leqslant 4600 \\ 13x_1 + 7.4x_2 \leqslant 5250 \\ x_1 x_2 \geqslant 0 \end{cases}$$

利用计算程序,可解得

$$X^* = (308, 168), \quad Z^* = 1598$$

(2) 目标系数 $\widetilde{C}$ 为模糊数的线性决策模型为

$$\max Z = (\widetilde{C})^{\mathrm{T}} X \tag{2.34}$$

$$\text{s.t.} \begin{cases} AX \leqslant b \\ X \geqslant 0 \end{cases}$$

其中,目标函数系数 $\widetilde{C}_j (j = 1, 2, \cdots, n)$ 为模糊数. 此模型最后的解并不是唯一的,而是一个最优值的可能性分布 $\mathrm{poss}(Z^* = z)$,因此,目标值 Z 是一个伴随着可能性分布的模糊变量.

若 $\widetilde{C}$ 中元素都是 L-R 模糊数,利用模糊数适当的排序准则,可把式(2.34)转换为如下形式:

$$\max \begin{cases} Z^{\mathrm{L}} = \sum_{j=1}^{n} C_j^{\mathrm{L}} x_j \\ Z = \sum_{j=1}^{n} C_j x_j \\ Z^{\mathrm{R}} = \sum_{j=1}^{n} C_j^{\mathrm{R}} x_j \end{cases} \tag{2.35}$$

其中,$C_j^{\mathrm{L}}, C_j^{\mathrm{R}}$ 分别是模糊数 $\widetilde{C}_j$ 的左、右边界值,X 是约束空间.

案例 2.17 模型(2.34)的具体形式为

$$\max Z = \widetilde{20}x_1 + \widetilde{10}x_2$$

$$\text{s.t.} \begin{cases} 6x_1 + 2x_2 \leqslant 21 \\ x_1, x_2 > 0 \end{cases}$$

其中, $\widetilde{20} = (20; 3, 4)_{LR}$, $\widetilde{10} = (10; 2, 1)_{LR}$, 则模型(2.35)的具体形式为

$$\max \begin{cases} Z^L = 3x_1 + 2x_2 \\ Z = 20x_1 + 10x_2 \\ Z^R = 4x_1 + x_2 \end{cases}$$

利用计算程序可得到最优值 x^* 和最优值 Z^* 的可能性分布为

$$x^* = (0.488, 9.035)$$
$$Z^* = (100, 11, 19.534, 10.987)$$

2.5　不完备信息决策问题

不完备信息决策问题是指数据缺失或信息不完全情况下的决策问题.在不完备信息情况下,人脑可以做出比计算机快速、精确得多的判断.粗糙集理论反映了人类以不完备信息处理不分明现象,以及对未知信息进行估计准则的能力.对不完备信息决策问题的分析方法包括两方面关键内容:其一是对冗余信息数据的消除,即决策信息表的约简分析方法;其二是对缺失信息数据的合理补充,即不完备信息决策系统的最优选择方法.对不完备信息决策问题进行分析的目的,就是从决策信息表的信息数据中,获得决策规则的知识.

2.5.1　决策信息表的约简分析方法

1. 决策信息表

决策信息表是一种特殊而重要的知识表示系统.多数决策问题都可以用决策信息表形式来表示.设 $T = \{U, C, D, V, F\}$ 为知识表示系统,其中 U 是对象集, C 是条件属性子集, D 是决策属性子集, C 和 D 二者共同构成属性集 A, V 是属性值的集合, F 是信息

函数,它是对象集到属性值的映射.若 V_l 是属性 $a_l \in A$ 的取值域,$\forall x_i \in U, F_{a_l}(x_i)$ 是一单点集,则 $T = \{U, C, D, U, F\}$ 知识系统称为完备信息决策问题;若 $\exists x_i \in U$,使 $F_{a_l}(x_i)$ 不是单点集,则 $T = \{U, C, D, V, F\}$ 知识系统称为不完备信息决策问题.可见,完备信息决策问题是不完备信息决策问题的特殊情况.决策信息表就是 $T = \{U, C, D, V, F\}$ 知识系统的一种表格表示形式.决策信息表的具体形式如表 2.14 所示.在此表中,条件属性 $C = \{a, b, c\}$,决策属性 $D = \{d, e\}$.

表 2.14 决策信息表

U	A				
	C			D	
	a	b	c	d	e
1	1	0	2	2	0
2	0	1	1	1	2
3	2	0	0	1	1
4	1	1	0	2	2
5	1	0	2	0	1
6	2	2	0	1	1
7	2	1	1	1	2
8	0	1	1	0	1

利用决策信息表所给出的信息数据,可获得有关条件属性和决策属性之间关系的重要决策知识:

(1) 决策规则

设 R_C 和 R_D 分别表示条件等价类和决策等价类,令 X 是 U 中根据 R_C 定义的分类,Y 是 U 中根据 R_D 定义的分类,对每个 $x_i, y_i \in U$,定义一个决策函数 d_x:若 $x_i \in X, y_i \in Y$,有

$$d_x : Des_C(x_i) \rightarrow Des_D(y_i), \quad x_i \bigcap y_i \neq 0$$

则称决策函数 d_x 为决策信息表 T 中的决策规则.

(2) 决策规则的协调性

当 d_x 作为决策规则时,d_x 对于 C 的约束记为 d_x/C,对于 D 的操作记为 d_x/D,分别称 d_x/C 和 d_x/D 为条件和决策.当对于每个 $x \neq y, d_x/C = d_y/C$,意味着 $d_x/D = d_y/D$,即相同的条件应该产生相同的结果时,则称决策规则是协调的;否则,当相同的结果不一定由相同的条件产生时,则称决策规则为不协调的.只有当所有的决策规则都是

协调的时,决策信息表才是协调的,或者说,决策信息系统是协调的.

(3) 条件属性和决策属性间的依赖度 $r_C(D)$

条件属性 C 和决策属性 D 相应等价分类 $R_C = U/C$ 和 $R_D = U/D$ 之间存在一定的关系,称为正域 $Pos_C(D)$,它的含义是对于 R_C 的分类,R_D 的正域是论域中所有通过用分类 R_C 表达的知识,能够确定性地划入 R_D 类对象的集合. $Pos_C(D)$ 定量表为所有 $C_-(D)$ 的并集,即

$$Pos_C(D) = \bigcup C_-(D) \tag{2.36}$$

利用式(2.36),可把条件属性 C 和决策属性 D 之间依赖度 $r_C(D)$ 定义为

$$r_C(D) = \mathrm{Card}[Pos_C(D)]/\mathrm{Card}(U) \tag{2.37}$$

若依赖度 $r_C(D) = 1$,决策信息表 T 是完全协调的;若 $r_C(D) = 0$,决策信息表 T 是完全不协调的;当 $0 < r_C(D) < 1$ 时,决策信息表可分解协调的 T_1 和不协调的 T_2 两部分.由表 2.14 可知

$$R_C = \{(1,5),(2,8),(3),(6),(7)\}$$
$$R_D = \{(1),(2,7),(1,6),(4),(5,8)\}$$
$$Pos_C(D) = C_-(x_1) \bigcup C_-(x_2) \bigcup C_-(x_3) \bigcup C_-(x_4) \bigcup C_-(x_5)$$
$$= \{(3),(4),(6),(7)\}$$

则 $r_C(D) = 4/8 < 1$,因此表 2.14 给出的决策信息系统是不协调的.如此,可把决策信息表 2.14 分解为如表 2.15、表 2.16 所示的两个决策信息表.

表 2.15　$r_C(D) = 1$,完全协调决策信息表

| U | A | | | | |
| | C | | | D | |
	a	b	c	d	e
3	2	0	0	1	1
3	2	0	0	1	1
4	1	1	0	2	2
6	2	2	0	1	1
7	2	1	1	1	2

表 2.16 $r_c(D)=0$,完全不协调决策信息表

U	A				
	C			D	
	a	b	c	d	e
1	1	0	2	2	0
2	0	1	1	1	2
5	1	0	2	0	1
6	2	2	0	1	1
8	0	1	1	0	1

2. 条件属性的约简

决策信息表中的属性并不是同等重要的.属性的约简是指可以找到一个较小的属性集 $B \subseteq A$,使得可用 A 描述的对象集合,必然可用 B 描述,从而消除冗余属性.每个子集 $B \subseteq A$ 称为一个属性,当 B 是单元类时,B 称为原始属性,否则 B 称为复合属性.

决策信息表约简的重要内容之一是化简决策信息表中的条件属性,化简后的决策信息表有与化简前相同的等价关系,但化简后的决策信息表具有较少的条件属性,即同样的决策可以基于较少的条件.如在表 2.17 中,对象集 $U = \{x_1, x_2, x_3, x_4, x_5, x_6\}$,属性集 $A = \{a, c, d, e, 0\}$,可有如下结果:

$$U \mid A = \{x_1, x_2, x_3, x_4, x_5, x_6\}$$
$$U \mid (A - a) = \{x_1, x_2, x_3, x_4, x_5, x_6\}$$

表 2.17   化简后的决策信息表

U	A				
	C			D	
	a	b	c	d	e
x_1	0	1	1	1	1
x_2	1	1	0	1	0
x_3	1	0	0	1	1
x_4	1	0	0	1	0
x_5	1	0	0	0	0
x_6	1	1	0	1	1

表明:从属性集 A 中去掉条件属性 a 之后,其等价关系分类与属性 A 相同,则条件

属性 a 是可以省略掉的,获得新的属性集 $A_1 = \{c, d, e, 0\}$.同理,从属性集 $A_1 = \{c, d,$ $e, 0\}$ 中去掉属性 d,获得新的属性集 $A_2 = \{c, e, 0\}$,但是由于 $U|(A-c) \neq U|A$,所以条件属性 c 是不可省略的.如此,$A_2 = \{c, e, 0\}$ 是不能再化简的最小的属性集,称为属性集 A 的约简集,表示为 $Red(A)$.显然,一个属性集 A 可以有多种化简方案,所有约简集 $Red(A)$ 的交集,称为属性集 A 的核,表示为 $Core(A)$,即

$$Core(A) = \bigcap Red(A) \tag{2.38}$$

属性集 A 的核 $Core(A)$ 是表达决策信息表一个必不可少的重要属性的集合.对于决策信息表 2.15 而言,必不可少的重要属性集就是 $\{c, e, 0\}$,因此,它的核 $Core(A) = \{c, e,$ $0\}$.再如前述的积木问题,对象集 $U = \{x_1, x_2, x_3, x_4, x_5, x_6, x_7, x_8\}$,属性集 $A = (C, S,$ $V)$,有如下结果:

$$U|(C, S, V) = \{x_1, x_2, x_3, x_4, x_5, x_6, x_7, x_8\}$$

若省略体积属性 V,只按颜色和形状分类,有

$$U|(A-V) = \{(x_1), (x_2), (x_3, x_7), (x_4, x_8), (x_5), (x_6)\}$$

若省略颜色属性 C,只按形状和体积分类,有

$$U|(A-C) = \{(x_1, x_5), (x_2), (x_3 x_4), (x_6), (x_7 x_8)\}$$

由于三者都不等于 $U|(C, S, V)$,因此,3 个属性中的任何一个都不可省略,其核就是 (C, S, V),即 $Core(A) = (C, S, V)$,表明每个属性都是属性集 A 必不可少的重要属性.

综上所述,在决策信息表中,约简集 $Red(A)$ 和核 $Core(A)$ 是两个基本概念.核 $Core(A)$ 是决策信息表 A 的实质部分,这部分的知识不能被消去.决策信息表的约简集 $Red(A)$ 是属性集 A 的最小子集,它提供了对象集到 $Red(A)$ 的基本类,它与属性 A 整体有相同的类.只有一个约简 $Red(A)$ 时,利用属性集 A 的知识划分对象到 $Red(A)$,只有唯一的一种方法,这是一种确定性知识.如果属性集 A 有多个约简 $Red(A)$ 时,则利用属性集 A 的知识划分对象到 $Red(A)$,存在多种方法,这是一种不确定性知识.另外,在一个知识系统中,不同属性具有的重要性,通常由领域专家给出的权值决定,具有很强的主观性,但在粗糙集理论中,只要通过客观的数据计算,就可以获得.所用的方法是从知识系统中去掉一些属性,考查分类度 $r_P(Q)$ 的变化,若分类度产生改变,说明重要性高,反之则低.分类度 $r_P(Q)$ 度量知识 Q 和知识 P 之间的依赖性,即

$$r_P(Q) = \mathrm{Card}[Pos_P(Q)]/\mathrm{Card}(U) \tag{2.39}$$

它度量知识 Q 对知识 P 的依赖性,式(2.39)是式(2.37)的一般形式,在式(2.37)中,只表达了决策属性 D 对条件属性 C 的依赖性.在式(2.39)中:

当 $r_P(Q)=1$ 时,称 Q 是由 P 全可导的,即论域的全部元素可通过知识 P 划入 $U|Q$ 的分类中;

当 $r_P(Q)=0$ 时,称 Q 是全不可导的,即论域中没有元素可通过知识 P 划入 $U|Q$ 的分类中;

当 $0<r_P(Q)<1$ 时,称 Q 是粗可导的,即论域中的全部元素只有属于正域的元素,可通过知识 P 划入 $U|Q$ 的分类中.

3. 决策规则的约简

决策规则的约简是从决策信息表的信息数据中提取决策规则的重要方法,决策规则的约简包括两方面内容:首先进行每个决策规则的约简,去掉表达该规则的冗余属性;然后进行决策算法的约简,消去可省略的条件属性,从整个决策算法中省略条件属性,使决策算法最小化.现以决策信息表 2.18 为例,具体说明决策规则的约简方法,在表 2.18 中,条件属性 $C=\{a,b,c\}$,决策属性 $D=\{d,e\}$,整个决策算法包括如下 5 个决策规则:

$$a_1 b_0 c_2 \rightarrow d_1 e_1, \quad a_2 b_2 c_0 \rightarrow d_1 e_0, \quad a_2 b_1 c_2 \rightarrow d_0 e_2$$

$$a_1 b_2 c_2 \rightarrow d_1 e_1, \quad a_1 b_2 c_0 \rightarrow d_0 e_2$$

表 2.18　决策信息表

U	A				
	C			D	
	a	b	c	d	e
1	1	0	2	1	1
2	2	1	0	1	0
3	2	1	2	0	2
4	1	2	2	1	1
5	1	2	0	0	2

以第一条决策规则($a_1 b_0 c_2 \rightarrow d_1 e_1$)为例,说明消去决策算法中每一条决策规则的不必要条件属性的方法,其步骤如下:

首先,去掉 a_1: $b_0 c_2 \rightarrow d_1 e_1$

去掉 b_0: $a_1 c_2 \rightarrow d_1 e_1$

去掉 c_2: $a_1 b_0 \rightarrow d_1 e_1$

去掉后,判断其是否协调.若协调,则把有关条件属性省略掉.

其次,再对所获取的决策规则进一步简化:

对 $b_0 c_2 \rightarrow d_1 e_1$，省略 c_2 得到：$b_0 \rightarrow d_1 e_1$

对 $a_1 b_0 \rightarrow d_1 e_1$，省略 a_1 得到：$b_0 \rightarrow d_1 e_1$

如此，由 $a_1 b_0 c_2 \rightarrow d_1 e_1$，获得 3 个约简结果：

$$a_1 c_2 \rightarrow d_1 e_1, \quad b_0 \rightarrow d_1 e_1, \quad b_0 \rightarrow d_1 e_1$$

其中，有 2 个结果是重复的，则实际约简结果有

$$a_1 c_2 \rightarrow d_1 e_1, \quad b_0 \rightarrow d_1 e_1$$

利用上述方法，对每条决策规则进行约简，均有 2 种约简结果，其结果如表 2.19 所示. 整个算法的约简结果如下：

$$a_1 c_2 \rightarrow d_1 e_1, \quad b_1 c_0 \rightarrow d_1 e_0$$

$$a_2 c_2 \rightarrow d_0 c_2, \quad a_1 c_0 \rightarrow d_0 e_2$$

它们构成了最小化的决策算法.

表 2.19　约简后的信息决策表

U	A				
	C			D	
	a	b	c	d	e
$1'$	2	–	2	1	1
$2'$	–	2	1	0	1
3	2	–	2	0	2
5	1	–	0	0	2

2.5.2　不完备信息决策问题的最优选择方法

对于不完备信息决策问题，获取决策规则的基本思想是最优选择. 最优选择的方法排除了人们的主观性，不是通过人的主观判断去填补那些空缺的信息数据，而是找出那些使决策最可能发生的数据. 如果已经知道了决策结果，应当选择那些使决策最可能发生的条件，它不是孤立的条件选择，而是通过已知的条件属性值，系统地选择缺失的数据值，即在整体上选择缺失的数据值，显然，缺失的数据越少，所得到的结果越可靠.

1. 近似粗糙集

在不完备信息决策问题中，当一些属性值未知或缺失时，等价关系就无法获得，需要

利用相似关系作为分类标准，所构造的粗糙集，称为近似粗糙集。近似粗糙集理论成为分析不完备信息决策问题的基本方法。

两个不同的对象 i 和 j，在属性 $a \in A$ 上的相似度 $S_a(V_i, V_j)$ 定义为

$$S_a(V_i, V_j) = \frac{|V_i - V_j|}{|V_{\max} - V_{\min}|} \tag{2.40}$$

其中，V_i 和 V_j 是对象 i 和 j 在属性 a 上的取值，$V_{\max}$ 和 $V_{\min}$ 分别代表属性 a 的最大值和最小值。属性 a 的相似阈值为 $t(a) \in [0, 1]$。若对象 i 和 j 在属性 a 上相似，当且仅当 $S_a(V_i, V_j) \geqslant t(a)$，两个对象 x 和 y 对于任意 $B \leqslant A$ 的相似关系 $Sim(B)$ 定义为

$$Sim(B) = \{(x, y) \mid [U \otimes U \mid F_r(x) \cap F_r(y)] \neq \varnothing (r \in B)\}$$

对于不完备信息决策问题，X 的上下近似 $\overline{Sim_B(X)}$ 和 $\underline{Sim_B(X)}$ 分别定义为

$$\overline{Sim_B(X)} = \{X \in U \mid S_B(X) \cap X \neq \varnothing\} \tag{2.41}$$

$$\underline{Sim_B(X)} = \{X \in U \mid S_B(X) \leqslant X\} \tag{2.42}$$

$$S_B(X) = \{y \in U \mid (x, y) \in Sim(B)\} \tag{2.43}$$

即下近似 $\underline{Sim_B(X)}$ 表示肯定属于 X 的对象集合，上近似 $\overline{Sim_B(X)}$ 表示可能属于 X 的对象集合，也就是说，通过上近似 $\overline{Sim_B(X)}$ 可以扩展属于 X 的对象的集合，它是利用粗糙集理论可以在不完备信息决策问题中，合理补充缺失信息数据的基本方法。

相似关系粗糙集和等价关系粗糙集在属性约简的定义上是相同的，只是分类的标准不同。因此，由等价关系作为分类标准所进行的决策信息表的约简分析方法，完全可以运用到以相似关系作为分类标准的不完备信息决策问题的分析中。

2. 不完备信息决策规则的获取方法

设 $I = \{U, A, V, F, d\}$ 是不完备信息决策系统，其中，U 是对象集，A 是属性集，V 是属性值，F 是信息函数，d 是决策属性。R_d 的分类表示为

$$U/R_d = \{D_1, D_2, \cdots, D_r\}$$

若 $B \subseteq A$，则 R_B 的分类表示为

$$U/R_B = \{\{x_i\}_B \mid x_i \in U\}$$

其中，$\{x_i\}_B = \{x_j \mid (x_i, x_j) \in R_B\}$，对于 $x_i \in U$，记为

$$D(D_j / \{x_i\}_B) = \frac{|D_j \cap \{x_i\}_B|}{|\{x_i\}_B|}, \quad j \leqslant r \tag{2.44}$$

则称

$$\mu_B(x_i) = \{D[D_1/(x_1)_B], D[D_2/(x_2)_B], \cdots, D[D_r/(x_r)_B]\} \tag{2.45}$$

为 U/R_d 上的概率分布函数. 若 $\forall x_i \in U$, 有 $\mu_B(x_i) = \mu_A(x_i)$, 则称 B 是分布协调集. 若 B 是分布协调集, 且 B 的任何真子集均不为分布协调集, 则 B 为分布约简集.

不确定性命题规则"若 $y \in \{x_i\}_B$, 则 $y \in D_j$"的可信度 $m_B(x_i)$ 定义为

$$m_B(x_i) = \max_{j \leq r} D[D_j/(x_i)_B], \quad x_i \subseteq U \tag{2.46}$$

若 $\forall x_i \in U$, 有 $m_B(x_i) = m_A(x_i)$, 则称 B 是最大分布协调集. 若 B 是最大分布协调集, 且 B 的任何真子集不为最大分布协调集, 则称 B 为最大分布约简集.

分布协调集是保持对象在每个决策类的概率分布不变的属性集, 而最大分布协调集是保持每个对象的最大概率分布决策类不变的属性集.

设 $S^f = \{U, A, V, f, d\}$ 是 $I = \{U, A, V, F, d\}$ 的一个选择, 且 B^f 是 S^f 的最大分布约简集. 若 B_f 是 I 的所有选择中的最大集合, 且满足

$$\min_{x \in U} m_{B_f}^f(x) = \max \min_{x \in U} m_{B_g}^g(x)$$

则缩减的完备信息系统 $\{U, B_f, V, f, d\}$ 是 $I = \{U, A, V, F, d\}$ 的最优完备选择.

利用上述近似粗糙集理论中的基本概念. 可构建获取不完备信息决策规则的具体方法如下:

(1) 找出不完备信息决策问题的所有选择. 例如, 对于表 2.20 的不完备的决策信息表, 对其所有的选择如表 2.21 所示的 $\{S^1, S^2, S^3, S^4, S^5, S^6, S^7, S^8\}$.

表 2.20　不完备决策信息表

U	A			
	a	b	c	d
x_1	(1)	(1)	(1)	1
x_2	(1)	(1,2)	(1)	1
x_3	(2)	(1)	(1)	1
x_4	(1)	(2)	(1,2)	1
x_5	(1)	(1,2)	(1)	2
x_6	(2)	(2)	(2)	2
x_7	(1)	(1)	(1)	2

表 2.21　不完备信息决策问题的所有选择

S^1

U	A			
	a	b	c	d
x_1	1	1	1	1
x_2	1	1	1	1
x_3	2	1	1	1
x_4	1	2	1	1
x_5	1	1	1	2
x_6	2	2	2	2
x_7	1	1	1	2

（1）

S^2

U	A			
	a	b	c	d
x_1	1	1	1	1
x_2	1	1	1	1
x_3	2	1	1	1
x_4	1	2	1	1
x_5	1	1	1	2
x_6	2	2	2	2
x_7	1	1	1	2

（2）

S^3

U	A			
	a	b	c	d
x_1	1	1	1	1
x_2	1	1	1	1
x_3	1	2	2	1
x_4	1	2	1	1
x_5	1	1	1	2
x_6	2	2	2	2
x_7	1	1	1	2

（3）

S^4

U	A			
	a	b	c	d
x_1	1	1	1	1
x_2	1	1	1	1
x_3	2	1	1	1
x_4	1	2	2	1
x_5	1	2	1	2
x_6	2	2	2	2
x_7	1	1	1	2

（4）

S^5

U	A			
	a	b	c	d
x_1	1	1	1	1
x_2	1	2	1	1
x_3	2	1	1	1
x_4	1	2	1	1
x_5	1	1	1	2
x_6	2	2	2	2
x_7	1	1	1	2

（5）

S^6

U	A			
	a	b	c	d
x_1	1	1	1	1
x_2	1	2	1	1
x_3	2	1	1	1
x_4	1	2	1	1
x_5	1	2	1	2
x_6	2	2	2	2
x_7	1	1	1	2

（6）

S^7

U	A			
	a	b	c	d
x_1	1	1	1	1
x_2	1	2	1	1
x_3	2	1	1	1
x_4	1	2	2	1
x_5	1	1	1	2
x_6	2	2	2	2
x_7	1	1	1	2

（7）

S^8

U	A			
	a	b	c	d
x_1	1	1	1	1
x_2	1	2	1	1
x_3	2	1	1	1
x_4	1	2	2	1
x_5	1	2	1	2
x_6	2	2	2	2
x_7	1	1	1	2

（8）

（2）找出所有选择的最大分布约简集.

由表 2.21 可以得到：$\{a,b\}$ 是 S^1，S^5 和 S^7 的唯一最大分布约简集，$\{a,b,c\}$ 是 S^4 和 S^8 的唯一最大分布约简集，S^2 的最大分布约简集是 $\{a,b\}$ 和 $\{b,c\}$，S^3 的最大分布约简集是 $\{a,b\}$ 和 $\{a,c\}$.

（3）对于每个选择的最大分布约简集 B_f，计算

$$m_{B_f}^f(x) = \max\{D[D_j/(x)_{B_f}^f] \mid j \leqslant r\}$$

$$= D[D_{ji}/(x)_{B_f}^f], \quad x \leqslant U$$

（4）找到 $m = \max\limits_{x \in U} \min m_{B_g}^g(x)$，可用得到的 m 代替 $I = \{U,A,V,F,d\}$ 的所有选择的最大精度.

（5）找到 $S^f = \{U,A,V,f,d\}$ 的某个选择，使其最大分布约简集 B_f 满足

$$\min_{x \in U} m_{B_f}^f(x) = m$$

如此，得到的缩小的完备决策信息系统 $S^f = \{U,B_f,V,f,d\}$ 就是 $I = \{U,A,V,F,d\}$ 的最优选择，即从这个信息系统 $S^f = \{U,B_f,V,f,d\}$ 中获取了决策规则.对于表 2.20 所表示的决策信息系统利用相关程序进行计算，得到 S^5 和 S^7 是其最优选择，由 S^5 和 S^7 可得到决策规则如下：

$$(a,1) \wedge (b,1) \rightarrow (d,2)$$
$$(a,1) \wedge (b,2) \rightarrow (d,1)$$
$$(a,2) \wedge (b,1) \rightarrow (d,1)$$
$$(a,2) \wedge (b,2) \rightarrow (d,2)$$

综上所述，经典粗糙集中的上、下近似是以等价关系为基础的，对于分析完备信息系统是适合的，但是当一些属性值未知时，等价关系就无法获得，而相似关系则可以用来处理这种不完备信息系统，特别是通过相似关系可以研究原信息系统和约简后的信息系统之间的关系，利用最大分布约简集和最优选择的概念，构建了获取不完备信息决策规则的获取算法.

2.6　小结

不确定性决策理论是主、客观不确定性因素的条件下，决策者进行决策所遵循的决

策规律.本章所阐述的不确定性决策的原理和方法是属于单个决策者的.在单一不确定因素条件下,为了实现单一目标,按照单个决策准则进行决策的基本规律.目前,不确定性决策理论已有了很大的进展,初步建立起多重不确定性因素条件下,多目标、多准则和多个体或群体的不确定性决策理论.在解决许多复杂的不确定性决策的实际问题中,发挥了重要的作用.

进一步发展不确定性决策理论,需要解决的基本科学问题如下:

(1) 决策者作为智能个体,在决策过程中发挥作用的机制和定量表示方法.

(2) 在群体决策问题中,决策个体之间通过信息交流而相互作用的本质,以及对决策结果的作用.

(3) 决策者与环境之间动态适应性关系的定量表示,以及对决策结果的作用.

(4) 多重不确定性同时存在的体系中,各种不确定性之间的相互关联的本质,定量表示方法及其对决策结果的作用,尤其是不确定性因素在决策过程中所发挥的积极作用.不确定性是客观世界多样性、复杂性和不断发展的推动力,但在目前已建立的不确定性决策理论中,较少反映出不确定性的这种作用.

(5) 多目标和多准则不确定性决策体系中,目标之间、准则之间以及目标和准则之间,存在着不相容性、矛盾性和协调性等多种相互关系,需要进一步揭示这些相互关系的本质、机理和定理表示方法,以及对决策结果的作用.

综上所述,不确定性决策体系是一个动态、多因素相互关联的复杂体系,它所遵循的规律是不确定性规律,它比决定性因果关系的决定性规律和随机因果关系的统计性规律具有更高层次的规律性,更能反映客观世界不确定性本质.

第 3 章

量子理论的思想和方法

3.1 引言

量子理论不仅促进了人类物质文明的发展,而且引起了科学思想的变革,促进了人类思维方式的进化,形成了新的科学范式.目前,量子理论的思想和方法,不仅在自然科学领域得到了广泛的应用,而且正在向社会科学领域扩展,成为社会科学深入发展的新的推动力.

量子理论的本质是不确定性理论,它不但揭示了客观世界不确定性的深刻内涵,而且展现出不确定性在形成客观世界的多样性、复杂性和新功能中发挥着积极的作用.量子不确定性与经典不确定性相比较,有更丰富而深刻的内涵:

(1)量子系统是具有内在互补性的复杂系统.量子系统的互补性主要表现在微观客

观具有波粒二象性的基本属性.在经典理论中,粒子性和波动性是相互排斥的属性.利用经典的粒子性和波动性的概念,无法理解实验中所发现的各种量子现象或量子效应.但是,利用微观客体所具有的波粒二象性,不但能解释这些量子现象,而且能够准确地预测出新的量子效应.因此,微观客体波粒二象性所反映的量子系统的内在互补性是量子系统所固有的内禀不确定性,它是客观世界所具有的比经典不确定性更深层次的不确定性.

(2)面对复杂的充满不确定性的世界,经典逻辑的思维方式已失去了对世界认识的全面性,因为经典形式逻辑的命题只包括内在同一性事物,不包括具有内在差异性事物,经典形式逻辑的推理是从既定的前提出发,得出必然性的唯一结论.因此,经典形式逻辑是具有同一性的"非此即彼"的真假二值的确定性逻辑.但是,量子逻辑是不确定性逻辑,它是从微观客体的内在两重性出发,形成具有"亦此亦彼"的互补性命题,量子逻辑的推理是基于量子态的不确定性演化规律进行的,因此,量子不确定性逻辑属于辩证逻辑的范畴,它能全面而深刻地认识客观世界不确定性的本质,成为一种新的思维方式.

在科学研究中,"物质第一性原则"和"逻辑自洽性原则"的辩证统一是构建科学理论的基本原则.如上所述,量子理论是在微观客体具有不确定性的基本属性和量子不确定性逻辑的基础上构建起来的,因此,量子理论对微观世界的量子现象或量子效应等有着强大的解释和预测能力,在本章中,我们将具体地阐述量子理论中的若干表达量子不确定性的主要思想和数学方法.

3.2 量子理论的基本思想和方法

量子理论研究的对象是量子系统的状态、属性和运动规律.由于量子系统与经典系统有本质上的不同,因此,在量子理论中提出了若干新的科学思想和新的逻辑推理的思维方式.这些基本思想和方法表达了量子理论不确定性本质的具体内涵.

3.2.1 量子状态的波函数表示

1. 波函数的定义

波函数是时空的复函数,对于单粒子量子系统的波函数可用三维笛卡儿空间的函数表示:

$$\psi(x, y, z, t)$$

对于 N 个粒子量子系统的波函数可用 $3N$ 维笛卡儿空间的函数表示:

$$\psi(x_1, x_2, \cdots, x_{3N}, t)$$

波函数的物理意义是:量子系统的粒子在时间 t、空间 (x, y, z) 处出现的概率 $p(x, y, z, t)$ 等于波函数模的平方,即

$$p(x, y, z, t) = \psi^*(x, y, z, t)\psi(x, y, z, t) = |\psi(x, y, z, t)|^2 \tag{3.1}$$

因此,波函数 $\psi(x, y, z, t)$ 不能给出粒子在时间 t、空间上的确切位置,只能给出在空间各处的概率分布.

由于粒子在整个空间上出现是必然事件,所以波函数 $\psi(x, y, z, t)$ 满足数学上的归一化条件:

$$\iiint \psi^*(x, y, z, t)\psi(x, y, z, t)\mathrm{d}x\mathrm{d}y\mathrm{d}z = 1 \tag{3.2}$$

综上所述,波函数是满足归一化条件的概率波.

2. 量子态叠加原理

由于波函数 ψ 所遵循的薛定谔方程(3.21)是波函数的线性方程,因此,若 ψ_1 与 ψ_2 都是此方程的解,则 ψ_1 与 ψ_2 的线性叠加也是它的解,即

$$\psi = c_1\psi_1 + c_2\psi_2 \tag{3.3}$$

此式表明:若 ψ_1 和 ψ_2 是量子系统的可能状态,则 ψ_1 和 ψ_2 的叠加态 ψ 也是该量子系统的可能状态,这就是量子态的叠加原理.一般来说,量子态叠加原理可由两个态的线性叠加扩展到许多态叠加,即表示为

$$\psi = \sum_{i=1}^{n} c_i \psi_i \tag{3.4}$$

3. 量子概率

由式(3.1)和式(3.3)不难得到,与叠加态波函数 ψ 相关的概率为

$$p = \psi^* \psi = (c_1 \psi_1 + c_2 \psi_2)^* \cdot (c_1 \psi_1 + c_2 \psi_2)$$
$$= |c_1|^2 |\psi_1|^2 + |c_2|^2 |\psi_2|^2 + c_1^* c_2 \psi_1^* \psi_2 + c_1 c_2^* \psi_1 \psi_2^* \tag{3.5}$$

此式表明:当量子系统处于它的两个可能状态时,该量子系统可能处于哪个状态是不确定的,但是它处于 ψ_1 态的概率可由 $|c_1|^2$ 给出,处于 ψ_2 态的概率为 $|c_2|^2$.

在式(3.5)中出现第三项和第四项表示概率波的干涉项.由此可见,在式(3.3)中的表示 ψ_1 和 ψ_2 概率波叠加时的权重的 c_1 和 c_2,不具有经典概率的性质,它的模的平方 $|c_1|^2$ 和 $|c_2|^2$ 才具有经典概率的性质,因此,把 c_1 和 c_2 称为概率幅或量子概率.

量子概率与经典概率具有本质上的差别:经典概率具有单调性的实数值和可加性的运算性质,量子概率具有非单调性的复数值和满足态叠加原理的线性叠运算的性质.

综上所述,利用波函数来表示量子系统的状态,是量子理论的最基本的思想,它揭示了量子系统的不确定性具有量子概率的内涵,与经典概率不确定性有本质的差别.

3.2.2　量子系统可观测量的量子算符表示

1. 量子算符的定义

当量子系统处于 ψ 波函数状态时,若对其进行一种操作 $\hat{A}$,则量子系统转变为新的波函数状态,这种过程可表达为

$$\varphi = \hat{A} \psi \tag{3.6}$$

通常就把表示这种操作的运算符号 $\hat{A}$,简称为量子算符.因此,在量子理论中,量子算符的作用是对波函数的一种运算,从而将一个波函数 ψ 转变为另一个波函数 φ.

2. 量子算符 $\hat{A}$ 的具体形式

量子算符 $\hat{A}$ 的具体形式,可通过经典理论中相应的物理量 A,经如下量子化方法得到:

位移算符 $\hat{r}$ 与经典理论中的位移 r 具有相同的形式,即

$$\hat{r} = r = xi + yj + zk \tag{3.7}$$

动量算符 $\hat{P}$ 的形式为

$$\hat{P} = -i\hbar\nabla = \hat{P}_x i + \hat{P}_y j + \hat{P}_z k \tag{3.8}$$

其中,$k = \dfrac{h}{2\pi}$,h 为普朗克常数,

$$\hat{P}_x = -i\hbar\frac{\partial}{\partial x}, \quad \hat{P}_y = -i\hbar\frac{\partial}{\partial y}, \quad \hat{P}_z = -i\hbar\frac{\partial}{\partial z} \tag{3.9}$$

除了位移算符 $\hat{r}$ 和动量算符 $\hat{P}$ 两个基本量子算符,其他量子算符的具体形式,可按量子系统的各个可观测量之间的函数关系与经典系统中相应的各个物理量之间的函数关系相同的原则,进行量子化而得到.例如,量子理论中哈密顿算符 $\hat{H}$ 和角动量算符 $\hat{L}$ 的具体形式为

$$H = \frac{1}{2m}P^2 + U(r) \rightarrow \hat{H} = \frac{1}{2m}\hat{P}^2 + U(\hat{r}) \tag{3.10}$$

$$L = r \times P \rightarrow \hat{L} = \hat{r} \times \hat{P} \tag{3.11}$$

3. 量子算符 $\hat{A}$ 的本征方程

量子算符 $\hat{A}$ 满足如下的本征方程:

$$\hat{A}\varphi_n = a_n\varphi_n \tag{3.12}$$

其中 a_n 是量子算符 $\hat{A}$ 的本征值,φ_n 是对应于本征值 a_n 的量子算符 $\hat{A}$ 的本征态波函数.

在式(3.12)中,量子算符 $\hat{A}$ 的具体形式是已知的,而本征值 a_n 和本征态波函数 φ_n 是未知的,通过求解本征方程(3.12)才能获得,从线性代数中可知,求解本征方程(3.12)的基本方法是首先求解如下的特征方程:

$$|\hat{A} - a_n I| = 0 \tag{3.13}$$

其中,$\hat{A}$ 是量子算符的矩阵表示,I 是单位矩阵.特征方程的根,就是量子算符 $\hat{A}$ 的本征值.然后,把求得的 a_n 值代入本征方程(3.12)中,就可以进一步得到量子算符 $\hat{A}$ 的本征波函数 φ_n.

4. 量子算符 $\hat{A}$ 的本征值与本征波函数的若干性质

(1) 简并性.

本征值 $a_1, a_2, \cdots, a_n$ 系列是量子算符 $\hat{A}$ 所有可能的取值.可能有这种情况,量子算符 $\hat{A}$ 的两个或更多互不相关的本征波函数具有相同的本征值,或者说属于同一个本征值,则称这些本征波函数是简并的,简并的本征态的数目称为简并度.

(2) 量子算符 $\hat{A}$ 的物理本质是可观测量的,量子算符 $\hat{A}$ 的本征值是可观测量的测量值,它是实数值.

线性空间中的厄米算符 $\hat{A}$ 是自共轭算符,即满足:$\hat{A}^+ = \hat{A}$,其中 $\hat{A}^+ = \left[\hat{A}^*\right]^\mathrm{T}$ 是算符 $\hat{A}$ 的共轭和转置的算符.不难证明:厄米算符 $\hat{A}$ 的本征值全部是实数.证明如下:

若 $\hat{A}\varphi(x) = a\varphi(x)$,且 $\hat{A}^+ = \hat{A}$,由于

$$\left[\int \varphi^*(x)\hat{A}\varphi(x)\mathrm{d}x\right]^+ = \int \varphi^*(x)\hat{A}^+\varphi(x)\mathrm{d}x = a^*\int \varphi^*(x)\varphi(x)\mathrm{d}x$$

$$\left[\int \varphi^*(x)\hat{A}\varphi(x)\mathrm{d}x\right] = \int \varphi^*(x)\hat{A}\varphi(x)\mathrm{d}x = a\int \varphi^*(x)\varphi(x)\mathrm{d}x$$

则可得:$a^* = a$,此式表明本征值 a 全部为实数.

因此,量子算符 $\hat{A}$ 具有厄米算符的性质.

(3) 量子算符 $\hat{A}$ 的本征波函数 $\varphi_1, \varphi_2, \cdots, \varphi_n$ 所构成的集合,具有如下正交归一化的性质:

$$\int \varphi_i^*(x)\varphi_j(x)\mathrm{d}x = \delta_{ij} = \begin{cases} 1, & i = j \\ 0, & i \neq j \end{cases} \tag{3.14}$$

由于本征波函数是波函数的一种类型,则满足归一化条件:

$$\int \varphi_i^*(x)\varphi_j(x)\mathrm{d}x = 1$$

正交性质证明如下:若 φ_i 和 φ_j 分别是量子算符 $\hat{A}$ 属于本征值 a_i 和 a_j 的两个本征波函数,即

$$\hat{A}\varphi_i(x) = a_i\varphi_i(x)$$

$$\hat{A}\varphi_j(x) = a_j\varphi_j(x)$$

以 φ_j^* 作用于第一个本征方程,以 φ_i^* 作用于第二个本征方程,可得

$$\int \varphi_j^*(x)\hat{A}\varphi_i(x)\mathrm{d}x = a_i\int \varphi_j^*(x)\varphi_i(x)\mathrm{d}x$$

$$\int \varphi_i^*(x)\hat{A}\varphi_j(x)\mathrm{d}x = a_j\int \varphi_i^*(x)\varphi_j(x)\mathrm{d}x$$

因为 $\hat{A}$ 是厄米算符,且 a_j 是实数,取所得到的第二个式子的复共轭,可变换为

$$\left[\int \varphi_i^*(x)\hat{A}\varphi_j(x)\mathrm{d}x\right]^* = \int \varphi_i(x)\hat{A}^*\varphi_j^*(x)\mathrm{d}x$$

$$= \int \varphi_i(x)\hat{A}\varphi_j^*(x)\mathrm{d}x$$

$$= a_j\int \varphi_i(x)\varphi_j^*(x)\mathrm{d}x$$

从而得到

$$0 = (a_i - a_j)\int \varphi_j^*(x)\varphi_i(x)\mathrm{d}x$$

由此结果可以得到:当 $i \neq j$ 时,$a_i \neq a_j$,从而

$$\int \varphi_j^*(x)\varphi_i(x)\mathrm{d}x = 0$$

(4) 量子算符 $\hat{A}$ 的本征波函数可构建成完备的矢量空间.

完备性是指任意一个量子态 $\psi(x)$,只要它属于以本征波函数 φ_i 为基矢构成的矢量空间,它就可以用量子算符 $\hat{A}$ 的正交归一化的本征波函数展开,即

$$\psi(x) = \sum_i c_i\varphi_i(x) \tag{3.15}$$

其中,c_i 是展开系数.在离散本征值的情况下,以量子算符 $\hat{A}$ 属于不同本征值的本征波函数 $\varphi_j^*(x)$ 左乘式(3.15),并利用正交关系(3.14),可得

$$\int \varphi_j^*(x)\psi(x)\mathrm{d}x = \sum_i c_i\int \varphi_j^*(x)\varphi_i(x)\mathrm{d}x = c_j \tag{3.16}$$

把式(3.16)代入式(3.15)中,可得

$$\psi(x) = \sum_i \int \varphi_i^*(x)\varphi_i(x)\psi(x)\mathrm{d}x$$

由于 $\psi(x)$ 是任意量子态波函数,则有

$$\sum_i \int \varphi_i^*(x)\varphi_i(x)\mathrm{d}x = 1 \tag{3.17}$$

通常,称式(3.17)为完备性条件.

展开系数 c_i 的物理含义.如果量子系统所处状态 $\psi(x)$ 是量子算符 $\hat{A}$ 的本征态 φ_i,则对可观测量子算符 $\hat{A}$ 进行测量,所得结果是本征值 a_i;如果量子系统所处状态 $\psi(x)$ 不是量子算符 $\hat{A}$ 任何本征态 φ_i,则对可观测量子算符 $\hat{A}$ 进行测量,它的所有本征值 a_1,a_2,$\cdots$,a_n 都是可能的结果,而得到其中某一结果的概率为

$$c_i^* c_i = |c_i|^2 = |\int \varphi_i^*(x)\psi(x)\mathrm{d}x|^2 \tag{3.18}$$

另外,由于量子态波函数 $\psi(x)$ 满足归一化条件式(3.2),则有

$$\begin{aligned}
\int \psi^*(x)\psi(x)\mathrm{d}x &= \int \Big[\sum_i c_i\varphi_i(x)\Big]^* \Big[\sum_j c_j\varphi_j(x)\Big]\mathrm{d}x \\
&= \sum_{ij} c_i^* c_j \int \varphi_i^*(x)\varphi_j(x)\mathrm{d}x \\
&= \sum_{ij} c_i^* c_j \delta_{ij} \\
&= \sum_i |c_i|^2 \\
&= 1 \tag{3.19}
\end{aligned}$$

即展开系数 c_i 也满足归一化条件.因此,展开系数 c_i 是以量子算符 $\hat{A}$ 的本征波函数 φ_1, $\varphi_2,\cdots,\varphi_n$ 为基矢的线性空间中的波函数,$|\psi(x)|^2$ 是在 $(x_1,x_2,\cdots,x_n)$ 位置坐标空间中发现微客体所处位置 x 的概率.$|c_i|^2$ 是在 $(\varphi_1,\varphi_2,\cdots,\varphi_n)$ 空间上具有本征值 a_i 的概率.一般可称它为 $\hat{A}$ 表象下的波函数.

(5) 量子算符 $\hat{A}$ 的平均值.

若量子系统所处状态 $\psi(x)$ 不是量子算符 $\hat{A}$ 的本征态,由于 $c_i^* c_i = |c_i|^2$ 是量子算符 $\hat{A}$ 具有本征值 a_i 的概率,则量子算符 $\hat{A}$ 的平均值 $\overline{\hat{A}}$ 可表达为

$$\begin{aligned}
\overline{\hat{A}} &= \sum_i c_i^* c_i a_i \\
&= \sum_{ij} c_j^* c_i \delta_{ji} a_i \\
&= \sum_{ij} c_j^* c_i \Big[\int \varphi_j^*(x)\varphi_i(x)\mathrm{d}x\Big]a_i \\
&= \sum_{ij} c_j^* c_i \Big[\int \varphi_j^*(x)\hat{A}\varphi_i(x)\mathrm{d}x\Big] \\
&= \int \Big[\sum_j c_j\varphi_j(x)\Big]^* \hat{A}\Big[\sum_i c_i\varphi_i(x)\Big]\mathrm{d}x \\
&= \int \psi^*(x)\hat{A}\psi(x)\mathrm{d}x \tag{3.20}
\end{aligned}$$

此式表明:若已知量子系统所处状态的波函数 $\psi(x)$ 和量子算符的具体形式,利用式(3.20),就可以得到在 $\psi(x)$ 状态下,可观测量 $\hat{A}$ 的平均值.

不确定性决策的量子理论与算法
Quantum Theory and Algorithms for Uncertain Decision-Making

综上所述,一旦获得了量子系统的波函数,就可以得到任何量子算符的取本征值的概率和平均值,但不能得到本征值,除非量子系统的波函数是量子算符的本征波函数,此时,可以得到量子算符的本征波函数相应的本征值.因此,在量子理论中,状态波函数与可观测量子算符之间的关系是不确定性的关系,而在经典理论中,一旦知道描述状态的轨迹,就可以给出可观测物理量的全部取值,这是一种确定性关系.

3.2.3 量子系统的演化规律

1. 薛定谔方程

量子系统的状态波函数 $\psi(r,t)$ 随时间的演化的规律是薛定谔方程:

$$i\hbar\frac{\partial}{\partial t}\psi(r,t) = \hat{H}(r,t)\psi(r,t) \tag{3.21}$$

其中,对单粒子量子系统,哈密顿算符 $\hat{H}$ 可表达为

$$\hat{H} = \frac{\hat{P}^2}{2m} + U(r) = -\frac{\hbar^2}{2m}\nabla^2 + U(r,t) \tag{3.22}$$

对于多粒子量子系统,哈密顿算符 $\hat{H}$ 可表达为

$$\hat{H} = -\sum_i^{3N}\frac{\hbar^2}{2m_i}\nabla_i^2 + U(x_1,x_2,\cdots,x_{3N},t) \tag{3.23}$$

通过求解薛定谔方程,可得到量子系统的波函数 $\psi(r,t)$ 随着时间 t 的演化.为了求解薛定谔方程,必须要给定量子系统的位势 $U(r,t)$ 的具体形式,以及量子系统的初始时 $t=0$ 的状态 $\psi(r,0)$.

当哈密顿算符 $\hat{H}$ 不显含时间 t 时,薛定谔方程(3.21)变为

$$i\hbar\frac{\partial\psi(r,t)}{\partial t} = \hat{H}(r)\psi(r,t) \tag{3.24}$$

利用分离变量法,可设

$$\psi(r,t) = f(x)\varphi(r) \tag{3.25}$$

将式(3.25)代入方程(3.24)中,可把方程(3.24)分解为

$$\frac{df(t)}{dt} = -\frac{i}{\hbar}Ef(t) \tag{3.26}$$

$$\hat{H}(r)\varphi(r) = E\varphi(r) \tag{3.27}$$

其中,方程(3.26)与具体的量子系统无关,它的解为

$$f(t) = ce^{-\frac{i}{\hbar}Et} \tag{3.28}$$

方程(3.27)与具体的量子系统有关,称为定态薛定谔方程.

定态薛定谔方程(3.27)本质上是量子算符 $\hat{H}$ 的本征方程.哈密顿算符 $\hat{H}(r)$ 的物理含义是能量算符.设定态薛定谔方程(3.27)具有断续谱,即

$$\hat{H}\varphi_i(r) = E_i\varphi_i(r) \tag{3.29}$$

则可得到方程(3.24)的解为

$$\psi(r,t) = \sum_{i=1}^{n} c_i(0)\psi_i(r)e^{-\frac{i}{\hbar}E_it} \tag{3.30}$$

其中

$$c_i(0) = \int \varphi_i^*(r)\psi(r,0)\mathrm{d}r \tag{3.31}$$

$\varphi_i(r)$ 是能量本征值 E_i 的定态本征波函数.式(3.30)表明:薛定谔方程(3.24)是一系列定态的线性组合,它是随时间 t 演化的非定态解.因此,当哈密顿算符 $\hat{H}$ 不显含时间 t 时,只要能求出定态薛定谔方程的定态解,就可以得到薛定谔方程的解.

2. 封闭量子系统的演化具有酉变换性质

在哈密顿算符 $\hat{H}$ 不显含时间 t 的量子系统中,与其他系统没有任何相互作用,其中位势 $U(x_1, x_2, \cdots, x_n)$ 只表达系统中各粒子之间的相互作用,因此,它是一个封闭系统.封闭量子系统在时刻 t 的状态 $\psi(r,t)$ 与量子系统在初始时刻 $t=0$ 的状态 $\psi(r,0)$ 之间的关联,可表达为

$$\psi(r,t) = U(t)\psi(r,0) \tag{3.32}$$

其中 $U(t)$ 是与时间 t 相关的酉变换(又称"幺正变换")算符.若把酉变换算符表示为矩阵的形式,则矩阵 U 和它的复共轭矩阵 U^+ 满足如下的条件:

$$U^+U = I \tag{3.33}$$

其中,I 是单位矩阵.

封闭量子系统的薛定谔方程(3.24)本质上也可看成是对波函数进行的一种变换,即从 $\psi(r,0)$ 到 $\psi(r,t)$ 的一种变换,其中与时间 t 相关的变换,由方程(3.26)表达.如此,

我们用算符 $\hat{F}$ 替代 $f(t)$,可把式(3.26)写为

$$i\hbar\frac{\mathrm{d}\hat{F}}{\mathrm{d}t} = E\hat{F} \tag{3.34}$$

此式的复共轭为

$$-i\hbar\frac{\mathrm{d}\hat{F}^+}{\mathrm{d}t} = E\hat{F}^+ \tag{3.35}$$

由式(3.34)和式(3.35)可得

$$i\hbar\left(\hat{F}^+\frac{\mathrm{d}\hat{F}}{\mathrm{d}t} + \frac{\mathrm{d}\hat{F}^+}{\mathrm{d}t}\hat{F}\right) = \hat{F}^+E\hat{F} - \hat{F}^+E\hat{F} = 0$$

此式表明:$\dfrac{\mathrm{d}}{\mathrm{d}t}(\hat{F}^+\hat{F}) = 0$,即 $\hat{F}^+\hat{F} =$ 常数. 由于当 $t = 0$ 时,有 $\hat{F}^+\hat{F} = I$,因此有

$$\hat{F}^+\hat{F} = I \tag{3.36}$$

由式(3.28)可知,算符 $\hat{F}$ 与时间 t 的关系为

$$\hat{F}(t) = \mathrm{e}^{-\frac{i}{\hbar}Et}, \quad \hat{F}^+(t) = \mathrm{e}^{\frac{i}{\hbar}Et} \tag{3.37}$$

即满足式(3.36),因此,表达封闭量子系统薛定谔方程的与时间相关的变换算符 $\hat{F}(t)$ 具有酉变换(3.33)的性质.

由于封闭量子系统的演化具有酉变换的性质,可以导出量子系统在酉变换算符作用下的若干重要性质:

(1) 酉变换算符不改变量子算符的本征值.

(2) 若量子算符用矩阵表示,在酉变换算符作用下,矩阵的迹保持不变.

(3) 在酉变换算符作用下,任何量子算符的平均值保持不变.

(4) 在酉变换算符作用下,量子算符的厄米性不变.

(5) 量子算符之间的代数运算关系,在酉变换算符的作用下,保持不变.

因此,酉变换性质是封闭量子系统的基本的演化规律.

3.2.4　量子测量系统的演化规律

若把测量仪器看作被测量子系统的外部环境,则量子测量系统是一种开放的量子系统. 量子测量系统演化过程具有不确定性、不可逆性和非局域性等特性. 对量子测量系统

演化规律的研究,不但是封闭量子系统理论的发展,也开拓了新的量子技术.

1. 量子测量的定量表示方法

如上所述,封闭的量子系统按照酉变换的演化规律进行演化,而开放的量子测量系统不再服从酉变换的演化规律.为了通过测量获取被测量子系统的信息,构建了如下的量子测量的定量表示方法.

量子测量由一组测量算符 $\langle M_m \rangle$ 描述,这些算符作用在被测量子系统状态空间上,m 描述实验中可能得到的测量结果.为了描述的普遍性,现采用狄拉克符号 $|\psi\rangle$ 表示波函数 $\psi(r,t)$,用 $\langle\psi|$ 表示 $\psi^*(r,t)$.若在测量前,量子系统的状态为 $|\psi\rangle$,则结果 m 发生的可能性为

$$p(m) = \langle \psi | M_m^+ M_m | \psi \rangle \tag{3.38}$$

测量后系统的状态为

$$\frac{\langle M_m | \psi \rangle}{\sqrt{\langle \psi | M_m^+ M_m | \psi \rangle}} \tag{3.39}$$

同时测量算符 M_m 满足完备性关系,即

$$\sum_m M_m^+ M_m - 1 \tag{3.40}$$

此完备性条件表达了概率之和为 1 的事实,因为

$$\sum_m p(m) = \sum_m \langle \psi | M_m^+ M_m | \psi \rangle$$
$$= \langle \psi | \sum_m M_m^+ M_m | \psi \rangle$$
$$= \langle \psi | \psi \rangle$$
$$= 1$$

例如:被测量子系统的状态 $|\psi\rangle = a|0\rangle + b|1\rangle$,选择两个测量算符 $M_0 = |0\rangle\langle 0|$ 和 $M_1 = |1\rangle\langle 1|$.由于这两个测量算符都是厄米算符,并且 $M_0^2 = M_0$,$M_1^2 = M_1$,于是完备性关系 $1 = M_0^+ M_0 + M_0^+ M_1 = M_0 + M_1$ 得到满足,从而获得测量结果为 0 的概率为

$$P(0) = \langle \psi | M_m^+ M_m | \psi \rangle = \langle \psi | M_0 | \psi \rangle = a^2$$

类似地,获得测量结果为 1 的概率:$P(1) = |b|^2$.在这两种情况下,测量后的状态分别为

$$\frac{M_0 | \psi \rangle}{|a|} = \frac{a}{a} |0\rangle = |0\rangle$$

$$\frac{M_0\,|\,\psi\rangle}{|\,b\,|} = \frac{b}{|\,b\,|}\,|\,1\rangle = |\,1\rangle$$

2. 量子测量系统演化的"塌缩"效应

量子测量系统是由测量仪器和被测量子系统组成的复合系统.由于测量仪器和被测量子系统之间在进行测量时存在着相互关联,形成相互纠缠形式的量子态,通常被称为纠缠态,它是量子系统所特有的状态,在量子测量过程中发挥着重要作用.由多个不同物理系统组成的复合量子系统的状态空间是其组成子系统状态空间的张量积,若用 $|\psi_1\rangle$,$|\psi_2\rangle,\cdots,|\psi_n\rangle$ 表示子系统的量子态,则复合系统的量子态 $|\psi\rangle$ 可表示为

$$|\,\psi\rangle = |\,\psi_1\rangle \otimes \cdots \otimes |\,\psi_n\rangle \tag{3.41}$$

其中符号 $\otimes$ 表示张量积运算.张量积运算是多矢量空间组合在一起,构成更大矢量空间的一种方法.若 A 是一个 $m \times n$ 矩阵,B 是一个 $p \times q$ 矩阵,则 A 和 B 的张量积的矩阵为

$$A \otimes B = \begin{bmatrix} A_{11}B & \cdots & A_{1n}B \\ \vdots & & \vdots \\ A_{m1}B & \cdots & A_{mn}B \end{bmatrix} \tag{3.42}$$

如泡利矩阵 X 和 Y 为

$$X = \begin{bmatrix} 0 & 1 \\ 1 & 0 \end{bmatrix}, \quad Y = \begin{bmatrix} 0 & -1 \\ 1 & 0 \end{bmatrix}$$

则 X 和 Y 的张量积的矩阵为

$$X \otimes Y = \begin{bmatrix} 0XY & 1XY \\ 1XY & 0XY \end{bmatrix} = \begin{bmatrix} 0 & 0 & 0 & -1 \\ 0 & 0 & 1 & 0 \\ 0 & -1 & 0 & 0 \\ 1 & 0 & 0 & 0 \end{bmatrix}$$

在复合系统中,当子系统之间存在关联作用时,复合系统的量了态不能表示为子系统量子态张量积的形式,这种复合系统的量子态称为纠缠态.

量子测量过程是通过测量仪器和被测量系统相互关联作用实现的.测量过程可通过如下3个步骤实现:

(1) 测量开始前,被测量子系统处于 $|\psi_s\rangle$ 的量子态,测量仪器作为量子系统看待时,处于 $|\psi_e\rangle$ 的量子态.由于测量前这两个量子系统之间相互不关联,它们组成的复合系统的量子态 $|\psi\rangle$ 具有可分离的形式,即可用 $|\psi_s\rangle$ 和 $|\psi_e\rangle$ 的张量积表示为

$$|\psi\rangle = |\psi_s\rangle \bigotimes |\psi_e\rangle \tag{3.43}$$

我们的测量是在被测量子系统$|\psi_s\rangle$上对可观测量算符$\hat{A}$进行的. 在测量前,被测量子系统的量子态$|\psi_s\rangle$可用量子算符$\hat{A}$的本征态波函数$|\varphi_i\rangle$的线性叠加态表示,即

$$|\psi_s\rangle = \sum_{i=1}^{n} c_i |\varphi_i\rangle \tag{3.44}$$

(2) 测量开始后,由于测量仪器与被测量子系统之间发生了关联作用,两个系统组成一个大的复合系统,这个复合系统的量子态$|\psi\rangle$不再能表达为$|\psi_s\rangle$和$|\psi_e\rangle$的张量积的形式,它们已经相互纠缠为一个量子纠缠态. 测量前量子叠加态$|\psi_s\rangle$的式(3.44)中的相干性,通过相互关联作用散布在复合系统的全部自由度上,也就是说,相干性从被测量子系统的局部扩散到整个复合系统. 由于测量仪器作为宏观客体包含有大量自由度数,则相干性在复合系统中变得不可观测,通常称此过程为退相干. 退相干一旦发生就是不可逆的. 因此,通过上述的非局域化的不可逆的退相干过程,被测量子系统的$|\psi_s\rangle$转化为量子算符$\hat{A}$的本征态波函数$|\varphi_i\rangle$的混合,即

$$|\psi_s\rangle \xrightarrow{\text{转化}} \sum_{i=1}^{n} P_i |\varphi_i\rangle \tag{3.45}$$

其中,P_i是$|\varphi_i\rangle$出现在$|\psi_s\rangle$中的概率,在式(3.45)中已不再包含式(3.44)中的相干项.

(3) 测量结束后,所得到的测量结果是量子算符$\hat{A}$的本征态$|\varphi_i\rangle$的混合态式(3.45)中,以一定的概率P_i取出其中一个,把这个过程称为"塌缩"效应. 由于测量仪器与被测量子系统已建立了纠缠关系,从而当从测量仪器上读出某一测量值时,也就在被测量子系统制备出一个相应本征态$|\varphi_i\rangle$,所得到的测量值就是这个本征态的本征值.

综上所述,"塌缩"效应是量子测量系统的不确定性演化规律,对于测量结果只能给出概率性的描述.

3. 测不准关系式

若$\hat{A}$和$\hat{B}$是两个量子算符,并且两者满足如下的不对易关系:

$$(\hat{A}\hat{B} - \hat{B}\hat{A}) = i\hbar \tag{3.46}$$

当在同一量子态中,对$\hat{A}$和$\hat{B}$同时进行测量,若ΔA和ΔB分别表示$\hat{A}$和$\hat{B}$测不准的程度,则ΔA和ΔB满足如下的关系式:

$$\Delta A \cdot \Delta B \geqslant \frac{1}{2}\hbar \tag{3.47}$$

例如，$\hat{A} = x$，$\hat{B} = \hat{P}$，则得到位置和动量算符的 Δx 和 ΔP 之间满足如下关系式：

$$\Delta x \cdot \Delta P \geqslant \frac{1}{2} \hbar \tag{3.48}$$

通常，把式(3.47)称为测不准关系式.

为了利用量子理论导出测不准关系，设 $\hat{A}$ 和 $\hat{B}$ 为一对共轭的厄米算符，并定义：

$$\Delta A = \left[\int \psi^* (\hat{A} - \overline{A})^2 \psi \mathrm{d}r \right] \tag{3.49}$$

$$\Delta B = \left[\int \psi^* (\hat{B} - \overline{B})^2 \psi \mathrm{d}r \right] \tag{3.50}$$

其中

$$\overline{A} = \int \psi^* \hat{A} \psi \mathrm{d}r \tag{3.51}$$

$$\overline{B} = \int \psi^* \hat{B} \psi \mathrm{d}r \tag{3.52}$$

利用如下的施瓦茨不等式：

$$\left(\int |f|^2 \mathrm{d}r \right) \left(\int |g|^2 \mathrm{d}r \right) \geqslant \left| \int f^* g \mathrm{d}r \right| \tag{3.53}$$

令 $f = (\hat{A} - \overline{A})\psi$，$g = (\hat{B} - \overline{B})\psi$，并代入式(3.53)中，可得

$$
\begin{aligned}
(\Delta A \cdot \Delta B)^2 &\geqslant \overline{|(\hat{A} - \overline{A})(\hat{B} - \overline{B})|^2} \\
&= |\overline{\hat{A}\hat{B}} - \overline{A} \cdot \overline{B}|^2 \\
&= \left| \frac{1}{2} \overline{(\hat{A}\hat{B} + \hat{B}\hat{A})} - \overline{A} \cdot \overline{B} + \frac{1}{2} \overline{(\hat{A}\hat{B} - \hat{B}\hat{A})} \right|^2
\end{aligned} \tag{3.54}
$$

对于两个独立而无关联的随机变量 A 和 B，存在如下平均值关系：

$$\frac{1}{2} \overline{(\hat{A}\hat{B} + \hat{B}\hat{A})} = \overline{A} \cdot \overline{B} \tag{3.55}$$

把式(3.46)和式(3.55)代入式(3.54)中，就可得到测不准关系式(3.47).

正如海森伯所说：测不准关系所讨论的是在量子理论中同时测几个不同量的精确度问题.测不准关系式(3.47)表明：对偶的运动学量和动力学量不能同时精确测定，普朗克常数 $\hbar = \dfrac{h}{2\pi}$ 的数值极其微小，所以不确定性仅仅对于微观领域里的测量来说才是显著的，

是微观领域所固有的不确定性,在宏观领域相当于$\hbar = \dfrac{h}{2\pi} = 0$. 从上面推导中可知,测不准关系式可以从量子理论中导出,它是量子理论的逻辑后承.因此,测不准关系式本质上是量子系统固有的内禀不确定性的表现形式.

3.3　量子理论的矩阵表示方式

在数学上,平方可积复函数$\varphi(x)$的集合所构成的空间称为希尔伯特空间.平方可积复函数$\varphi(x)$使以下积分收敛:

$$\int \varphi^*(x)\varphi(x)\mathrm{d}x = \int |\varphi(x)|^2 \mathrm{d}x \tag{3.56}$$

这样的函数是希尔伯特空间的矢量.量子理论中的波函数是平方可积的函数,因此,波函数$\varphi(r,t)$在数学性质上是希尔伯特空间的矢量,在希尔伯特空间中,量子理论中的波函数$\psi(r,t)$、量子算符$\hat{A}$和薛定谔方程等都可以表达为矩阵的形式.

3.3.1　希尔伯特空间的性质

希尔伯特空间是复变函数空间,即在此空间中存在着复共轭关系:函数$\varphi(x)$的复共轭函数是$\varphi^*(x)$.

希尔伯特空间是线性空间,即此空间的矢量的线性组合仍是此空间的矢量,如

$$c_1\varphi_1(x) + c_2\varphi_2(x) = \psi(x)$$

希尔伯特空间矢量$\varphi(x)$与矢量$\psi(x)$的标积定义为

$$\int \psi^*(x)\varphi(x)\mathrm{d}x = a \tag{3.57}$$

$$\left[\int \psi^*(x)\varphi(x)\mathrm{d}x\right]^* = \int \varphi^*(x)\psi(x)\mathrm{d}x = a^* \tag{3.58}$$

矢量的标积是一个数,而不是矢量.

希尔伯特空间的矢量长度l定义为

$$l = \sqrt{\int \varphi^*(x)\varphi(x)\mathrm{d}x} \qquad (3.59)$$

长度 $l=1$ 的矢量 $\varphi(x)$ 称为归一化矢量,满足如下归一化条件:

$$\int \varphi^*(x)\varphi(x)\mathrm{d}x = 1 \qquad (3.60)$$

希尔伯特空间矢量 $\varphi(x)$ 和矢量 $\psi(x)$ 的正交性定义为

$$\int \psi^*(x)\varphi(x)\mathrm{d}x = 0 \qquad (3.61)$$

希尔伯特空间矢量的乘积运算性质: $\psi(x) \cdot \varphi(x)$ 或 $\psi^*(x) \cdot \varphi(x)$ 仍是矢量;矢量与数 C 的乘积仍是矢量,而且其方向不变,只改变矢量的大小.

希尔伯特空间的完全集:矢量的完全集是这样一组矢量的集合,使希尔伯特空间的任意矢量总可以表示成它们的线性组合.任一矢量的完全集可以被选取为希尔伯特空间的基矢,它相当于几何空间的坐标系.

3.3.2 波函数的矩阵表示

量子系统的波函数是希尔伯特空间的矢量,可以选择各种不同的量子算符 $\hat{A}$ 的本征波函数的完全集合 $(\varphi_1, \varphi_2, \cdots, \varphi_n)$ 来表示它,而量子算符 $\hat{A}$ 的本征波函数的完全集合构成了希尔伯特空间的基矢,这类似于几何学中选择不同的坐标系来表示某一个矢量.在量子理论中,选择希尔伯特空间基矢的方式称为"表象".

设量子系统的波函数为 $\psi(x,t)$,可用量子算符 $\hat{A}$ 的本征波函数完全集 $(\varphi_1, \varphi_2, \cdots, \varphi_n)$ 作为希尔伯特空间的基矢,则波函数 $\psi(x,t)$ 在希尔伯特空间可表示为

$$\psi(x,t) = \sum_i c_i(t)\varphi_i(t) \qquad (3.62)$$

其中

$$c_i(t) = \int \varphi_i^*(x)\psi(x,t)\mathrm{d}x \qquad (3.63)$$

由于

$$\int \psi^*(x,t)\psi(x,t)\mathrm{d}x = \sum_{ji} c_j^*(t)c_i(t)\int \varphi_j^*(x)\varphi_i(x)\mathrm{d}x$$
$$= \sum_{ji} c_j^*(x)c_i(t)\delta_{ji}$$

$$= \sum_i c_i^*(t) c_i(t)$$

并且 $\int \psi^*(x,t)\psi(x,t)\mathrm{d}x = 1$,所以

$$\sum_i c_i^*(t) c_i(t) = 1 \tag{3.64}$$

可见,$c_i^*(t) c_i(t) = |c_i|^2$ 是量子系统处于 $\psi(x,t)$ 状态时,测量量子算符 $\hat{A}$ 而得到 a_n 的概率,$c_i(t)$ 是相应的概率幅或量子概率.同时,$c_i(t)$ 也是在希尔伯特空间上 $\psi(x,t)$ 矢量在基矢 $\varphi_i(x)$ 上的分量.因此,$[c_1(t),c_2(t),\cdots,c_n(t)]$ 是量子系统的波函数 $\psi(x,t)$ 在量子算符 $\hat{A}$ 表象中的各分量,即波函数 $\psi(x,t)$ 在量子算符 $\hat{A}$ 表象中可表示为如下单列矩阵的形式:

$$\psi = \begin{bmatrix} c_1(t) \\ c_2(t) \\ \vdots \\ c_n(t) \end{bmatrix} \tag{3.65}$$

它的复共轭 ψ^* 表示为单行矩阵形式:

$$\psi^* = \begin{bmatrix} c_1^*(t), c_2^*(t), \cdots, c_n^*(t) \end{bmatrix} \tag{3.66}$$

3.3.3 量子算符的矩阵表示

设 $\psi(x,t)$ 和 $\varphi(x,t)$ 是量子系统所处的两个状态,量子算符 $\hat{B}$ 定义为

$$\varphi(x,t) = \hat{B}\psi(x,t) \tag{3.67}$$

希尔伯特空间的基矢取量子算符 $\hat{A}$ 的本征波函数完全集合 $[\varphi_1(x),\varphi_2(x),\cdots,\varphi_n(x)]$. 现将 $\phi(x,t)$ 和 $\psi(x,t)$ 分别按 $[\varphi_1(x),\varphi_2(x),\cdots,\varphi_n(x)]$ 展开,即

$$\psi(x,t) = \sum_i c_i(t) \varphi_i(x) \tag{3.68}$$

$$\phi(x,t) = \sum_j b_j(t) \varphi_j(x) \tag{3.69}$$

将式(3.68)和式(3.69)代入式(3.67)中,得

$$\sum_j b_j(t) \varphi_j(x) = \hat{B} \sum_i c_i(t) \varphi_i(t) \tag{3.70}$$

将式(3.70)两边乘以 $\varphi_k^*(x)$ 再对 x 积分,可得

$$\sum_j b_j(t)\int \varphi_k^*(x)\varphi_j(x)\mathrm{d}x = \sum_i c_i(t)\int \varphi_k^*(x)\hat{B}\varphi_i(x)\mathrm{d}x$$

$$\sum_j b_j(t)\delta_{kj} = \sum_i c_i(t)\int \varphi_k^*(x)\hat{B}\varphi_i(x)\mathrm{d}x$$

由此得

$$b_k(t) = \sum_i \beta_{ki}c_i(t) \tag{3.71}$$

其中

$$\beta_{ki} = \int \varphi_k^*(x)\hat{B}\varphi_i(x)\mathrm{d}x \tag{3.72}$$

显然,式(3.71)可表达为如下的矩阵形式:

$$\begin{bmatrix} b_1(t) \\ b_2(t) \\ \vdots \\ b_n(t) \end{bmatrix} = \begin{bmatrix} \beta_{11} & \beta_{12} & \cdots & \beta_{1n} \\ \beta_{21} & \beta_{22} & \cdots & \beta_{2n} \\ \vdots & \vdots & & \vdots \\ \beta_{n1} & \beta_{n2} & \cdots & \beta_{nn} \end{bmatrix} \begin{bmatrix} c_1(t) \\ c_2(t) \\ \vdots \\ c_n(t) \end{bmatrix} \tag{3.73}$$

或者简写为

$$\Phi = \hat{B}\Psi \tag{3.74}$$

因此,式(3.73)和式(3.74)就是量子算符 $\hat{B}$ 在量子算符 $\hat{A}$ 表象中的矩阵形式.

3.3.4　量子算符本征方程的矩阵表示

量子算符 $\hat{B}$ 的本征方程为

$$\hat{B}\psi(x) = b\psi(x) \tag{3.75}$$

把 $\psi(x)$ 按量子算符 $\hat{A}$ 的本征波函数$(\varphi_1,\varphi_2,\cdots,\varphi_n)$展开,即

$$\psi(x) = \sum_i c_i\varphi_i(x) \tag{3.76}$$

代入式(3.75),可得

$$\hat{B} \sum_i c_i \varphi_i(x) = b \sum_i c_i \varphi_i(x) \tag{3.77}$$

以 $\varphi_j^*(x)$ 左乘式(3.77),再对 x 积分,得

$$\sum_i \beta_{ji} c_i = b c_j \tag{3.78}$$

其中

$$\beta_{ji} = \int \varphi_j^*(x) \hat{B} \varphi_i(x) \mathrm{d}x \tag{3.79}$$

可把方程(3.78)写为如下的矩阵方程形式:

$$\begin{bmatrix} \beta_{11} & \beta_{12} & \cdots & \beta_{1n} \\ \beta_{21} & \beta_{22} & \cdots & \beta_{2n} \\ \vdots & \vdots & & \vdots \\ \beta_{n1} & \beta_{n2} & \cdots & \beta_{nn} \end{bmatrix} \begin{bmatrix} c_1 \\ c_2 \\ \vdots \\ c_n \end{bmatrix} = b \begin{bmatrix} c_1 \\ c_2 \\ \vdots \\ c_n \end{bmatrix} \tag{3.80}$$

因此,式(3.80)就是量子算符 $\hat{B}$ 的本征方程(3.75)的矩阵表示形式.

显然,式(3.80)也可写为如下形式:

$$\begin{bmatrix} \beta_{11} - b & \beta_{12} & \cdots & \beta_{1n} \\ \beta_{21} & \beta_{22} & b & \cdots & \beta_{2n} \\ \vdots & \vdots & & \vdots \\ \beta_{n1} & \beta_{n2} & \cdots & \beta_{nn} - b \end{bmatrix} \begin{bmatrix} c_1 \\ c_3 \\ \vdots \\ c_n \end{bmatrix} = 0 \tag{3.81}$$

这个线性齐次代数方程组具有非零解的条件是它的函数行列式等于零,即

$$\begin{vmatrix} \beta_{11} - b & \beta_{12} & \cdots & \beta_{1n} \\ \beta_{21} & \beta_{22} - b & \cdots & \beta_{2n} \\ \vdots & \vdots & & \vdots \\ \beta_{n1} & \beta_{n2} & \cdots & \beta_{nn} - b \end{vmatrix} = 0 \tag{3.82}$$

可称式(3.82)为特征方程或久期方程.求解式(3.82)可得一组 b 值$(b_1, b_2, \cdots, b_n)$,它们就是量子算符 $\hat{B}$ 的本征值.把求得的$(b_1, b_2, \cdots, b_n)$分别代入方程(3.81)中,就可以得到本征值 b_i 对应的本征波函数$(c_{i1}, c_{i2}, \cdots, c_{in})$,如此,就把求解微分方程(3.95)的本征值问题变成了求解特征方程(3.82)的根的问题.

显然,式(3.80)也可简写为如下矩阵方程形式:

$$\hat{B}\Psi = b\Psi \tag{3.83}$$

3.3.5　量子算符平均值的矩阵表示

量子算符 $\hat{B}$ 的平均值 $\overline{\hat{B}}$ 可表达为

$$\overline{\hat{B}} = \int \psi^*(x)\hat{B}\psi(x)\mathrm{d}x \tag{3.84}$$

把 $\psi^*(x)$ 和 $\psi(x)$ 按照量子算符 $\hat{A}$ 的本征波函数 $(\varphi_1,\varphi_2,\cdots,\varphi_n)$ 展开为

$$\psi^*(x) = \sum_j c_j^* \varphi_j^*$$

$$\psi(x) = \sum_i c_i \varphi_i$$

并代入式(3.84)中,得到

$$\overline{\hat{B}} = \int \Big(\sum_j c_j^* \varphi_j^*\Big)\hat{B}\Big(\sum_i c_i \varphi_i\Big)\mathrm{d}x$$

$$= \sum_{ji} c_j^* \beta_{ji} c_i \tag{3.85}$$

其中

$$\beta_{ji} = \int \varphi_j^*(x)\hat{B}\varphi_i(x)\mathrm{d}x \tag{3.86}$$

也可把式(3.85)写为如下矩阵表达式:

$$\overline{\hat{B}} = (c_1^*,c_2^*,\cdots,c_n^*)\begin{bmatrix} \beta_{11} & \beta_{12} & \cdots & \beta_{1n} \\ \beta_{21} & \beta_{22} & \cdots & \beta_{2n} \\ \vdots & \vdots & & \vdots \\ \beta_{n1} & \beta_{n2} & \cdots & \beta_{nn} \end{bmatrix}\begin{bmatrix} c_1 \\ c_2 \\ \vdots \\ c_n \end{bmatrix} \tag{3.87}$$

或者简写为如下矩阵方程的形式:

$$\overline{\hat{B}} = \Psi^* \hat{B} \Psi \tag{3.88}$$

3.3.6　厄米算符的矩阵表示:厄米矩阵

厄米算符定义为

$$\hat{B}^+ = \hat{B}$$

算符 $\hat{B}$ 在 $\hat{A}$ 表象中的矩阵表示为

$$\beta_{ji} = \int \varphi_j^*(x) \hat{B} \varphi_i(x) \mathrm{d}x \tag{3.89}$$

则量子算符 $\hat{B}^+$ 在 $\hat{A}$ 表象中的矩阵表示为

$$\begin{aligned}
(\beta_{ji})^+ &= \left[\int \varphi_j^*(x) \hat{B} \varphi_i(x) \mathrm{d}x \right]^+ \\
&= \int \varphi_i^*(x) \hat{B}^+ \varphi_j(x) \mathrm{d}x \\
&= (\hat{\beta}^+)_{ij} \tag{3.90}
\end{aligned}$$

矩阵 $\hat{\beta}$ 的复共轭矩阵 $\hat{\beta}^+$ 是矩阵 $\hat{\beta}$ 的倒置矩阵,而且其矩阵元加以复共轭,则式(3.90)的具体矩阵为

$$\begin{bmatrix}
\beta_{11} & \beta_{12} & \cdots & \beta_{1n} \\
\beta_{21} & \beta_{22} & \cdots & \beta_{2n} \\
\vdots & \vdots & & \vdots \\
\beta_{n1} & \beta_{n2} & \cdots & \beta_{nn}
\end{bmatrix}^+ =
\begin{bmatrix}
\beta_{11}^* & \beta_{12}^* & \cdots & \beta_{1n}^* \\
\beta_{21}^* & \beta_{22}^* & \cdots & \beta_{2n}^* \\
\vdots & \vdots & & \vdots \\
\beta_{n1}^* & \beta_{n2}^* & \cdots & \beta_{nn}^*
\end{bmatrix} \tag{3.91}$$

厄米矩阵是厄米算符的矩阵表示,即厄米矩阵定义为

$$(\hat{\beta}^+)_{ji} = (\hat{\beta})_{ij}^* = (\hat{\beta})_{ji}$$

或

$$\hat{\beta}^+ = \hat{\beta} \tag{3.92}$$

也就是说,厄米矩阵的对称非对角元互为复互轭,而对角元为实数.

若量子算符 $\hat{B}$ 就是量子算符 $\hat{A}$,则量子算符 $\hat{A}$ 在自身表象中的矩阵表示为

$$\beta_{ji} = a_{ji} = \int \varphi_j^*(x) \hat{A} \varphi_i(x) \mathrm{d}x = a_i \delta_{ji} \tag{3.93}$$

此式表明:量子算符 $\hat{A}$ 在自身表象中的矩阵是对角矩阵,其对角元素等于其本征值(a_1, a_2, $\cdots$, a_n),其非对角元素均等于零.

3.3.7　薛定谔方程的矩阵表示

薛定谔方程为

$$i\hbar\frac{\partial\psi(x,t)}{\partial t} = \hat{H}\psi(x,t)$$

把方程中的波函数 $\psi(x,t)$，按照量子算符 $\hat{A}$ 的本征波函数 $(\varphi_1,\varphi_2,\cdots,\varphi_n)$ 展开，并代入薛定谔方程中，则有

$$i\hbar\frac{\partial}{\partial t}\Big[\sum_i c_i(t)\varphi_i(x)\Big] = \hat{H}\Big[\sum_i c_i(t)\varphi_i(x)\Big] \tag{3.94}$$

以 $\varphi_j^*(x)$ 左乘式(3.94)，再对 x 积分，可得

$$i\hbar\frac{dc_j(t)}{dt} = \sum_i H_{ji}c_i(t) \tag{3.95}$$

其中，H_{ji} 是哈密顿算符 $\hat{H}$ 在 $\hat{A}$ 表象中的矩阵元，即

$$H_{ji} = \int \varphi_j^*(x)\hat{H}\varphi_i(x)dx \tag{3.96}$$

方程(3.95)就是薛定谔方程在 $\hat{A}$ 表象中的矩阵方程. 可把方程(3.95)写为如下的矩阵形式：

$$i\hbar\frac{d}{dt}\begin{bmatrix} c_1(t) \\ c_2(t) \\ \vdots \\ c_n(t) \end{bmatrix} = \begin{bmatrix} H_{11} & H_{12} & \cdots & H_{1n} \\ H_{21} & H_{22} & \cdots & H_{2n} \\ \vdots & \vdots & & \vdots \\ H_{n1} & H_{n2} & \cdots & H_{nn} \end{bmatrix} \begin{bmatrix} c_1(t) \\ c_2(t) \\ \vdots \\ c_n(t) \end{bmatrix} \tag{3.97}$$

或者简写为

$$i\hbar\frac{d\Phi}{dt} = \hat{H}\Phi \tag{3.98}$$

其中，$\hat{H}$ 和 Φ 都是矩阵.

3.3.8 酉算符变换的矩阵表示：酉矩阵

设两个量子算符 $\hat{A}$ 和 $\hat{B}$，它们的本征方程分别为

$$\hat{A}\varphi_i(x) = a_i\varphi_i(x)$$

$$\hat{B}\varphi_j(x) = a_j\varphi_j(x)$$

$(\varphi_1, \varphi_2, \cdots, \varphi_n)$ 是 $\hat{A}$ 表象的基矢，$(\psi_1, \psi_2, \cdots, \psi_n)$ 是 $\hat{B}$ 表象的基矢，现将 $\psi_j(x)$ 对 $\varphi_i(x)$ 展开：

$$\begin{cases} \psi_j(x) = \sum_i S_{ij} \varphi_i(x) \\ \psi_j^*(x) = \sum_i S_{ij}^* \varphi_i^*(x) \end{cases} \tag{3.99}$$

其中

$$\begin{cases} S_{ij} = \int \varphi_i^*(x) \psi_j(x) \mathrm{d}x \\ S_{ij}^* = \int \varphi_j^*(x) \psi_i(x) \mathrm{d}x = (\hat{S}^+)_{ji} \end{cases} \tag{3.100}$$

S_{ij} 是矩阵 $\hat{S}$ 的矩阵元，S_{ij}^* 是矩阵 $\hat{S}^+$ 的矩阵元．$\hat{S}$ 矩阵是将 $\hat{A}$ 表象的基矢变换成 $\hat{B}$ 表象的基矢．因此，矩阵 $\hat{S}$ 称为变换矩阵，而矩阵 $\hat{S}^+$ 是它的复共轭矩阵．由于有

$$\begin{aligned} \delta_{jk} &= \int \psi_j^*(x) \psi_k(x) \mathrm{d}x \\ &= \int \Big[\sum_i S_{ij} \varphi_i(x) \Big]^* \Big[\sum_l S_{lk} \varphi_l(x) \Big] \mathrm{d}x \\ &= \sum_{il} S_{ij}^* S_{lk} \int \varphi_i^*(x) \varphi_l(x) \mathrm{d}x \\ &= \sum_i S_{ij}^* S_{ik} \\ &= \sum_i (\hat{S}^+)_{ji} (\hat{S})_{ik} = (\hat{S}^+ \hat{S})_{ik} \end{aligned}$$

由此可得

$$\hat{S}^+ \hat{S} = \hat{I} \tag{3.101}$$

其中，$\hat{I}$ 表示单位矩阵．由式(3.101)可得

$$\hat{S}^+ = \hat{S}^{-1} \tag{3.102}$$

满足式(3.101)或式(3.102)的矩阵，就是酉矩阵，它是酉变换的矩阵表示．

　　将式(3.102)与厄米矩阵 $\hat{A}^+ = \hat{A}$ 相比较，可知厄米矩阵与酉矩阵是不同性质的变换．如前所述，厄米矩阵的对角元素是实数，非对角元素具有复共轭的对称性，而酉矩阵是表达不同表象的基矢，算符和波函数等之间的变换性质不改变量子算符矩阵的本征值，不改变矩阵的迹和量子算符的平均值等．

3.4 量子理论的密度算符方法

密度算符方法是对量子理论基本思想的进一步表达,它着重描述了量子系统不确定性中的统计规律性.统计理论研究的对象不是单个系统.若把相空间的每个代表点看成一个系统,则把这些代表点的总和称为系综.因此,系综是由大量性质相同的系统组成的,每个系统各处在某一状态,而且是各自独立的.在经典统计理论中,引入了密度分布函数 ρ,描述系综的统计性质.在量子统计理论中,类似地引入密度算符 $\hat{\rho}$ 描述量子系统的统计性质、密度算符方法,在完善和发展量子理论中发挥了重要作用,也得到了广泛的应用.

3.4.1 纯态的密度算符

量子系统的纯态是指可以用一个态矢量 $|\psi\rangle$ 描写的状态.纯态的密度算符 $\hat{\rho}$ 定义为

$$\hat{\rho} = |\psi\rangle\langle\psi| \tag{3.103}$$

其中,$\langle\psi|$ 是狄拉克符号中的左矢,它是右矢 $|\psi\rangle$ 的复共轭,即

$$|\psi\rangle^* = \langle\psi| \quad \text{或} \quad \langle\psi|^* = |\psi\rangle \tag{3.104}$$

密度算符 $\hat{\rho}$ 在量子算符 $\hat{A}$ 表象中具有矩阵的形式.若量子算符 $\hat{A}$ 的本征矢为($|\varphi_1\rangle$,$|\varphi_2\rangle,\cdots,|\varphi_n\rangle$),把 $|\psi\rangle$ 和 $\langle\psi|$ 对($|\varphi_1\rangle,|\varphi_2\rangle,\cdots,|\varphi_n\rangle$)完全集展开:

$$\begin{cases} |\psi\rangle = \sum_j c_j |\varphi_j\rangle \\ \langle\psi| = \sum_i c_i^* \langle\varphi_i| \end{cases} \tag{3.105}$$

将式(3.105)代入式(3.103)可得

$$\hat{\rho} = \sum_{ji} c_j c_i^* |\varphi_j\rangle\langle\varphi_i| = \sum_{ji} \rho_{ji} |\varphi_j\rangle\langle\varphi_i| \tag{3.106}$$

其中

$$\rho_{ji} = c_j c_i^*, \quad \rho_{ii} = |c_i|^2 \geqslant 0 \tag{3.107}$$

就是密度算符 $\hat{\rho}$ 在 $\hat{A}$ 表象中的矩阵形式,通常称其为密度矩阵. 在此密度矩阵中,对角元 $\rho_{ii} = |c_i|^2 \geqslant 0$,表示对处于 $|\psi\rangle$ 态的量子系统测量 $\hat{A}$ 而得到 a_i 本征值的概率;若 $\rho_{ji} \neq 0$,非对角元 ρ_{ji} 表示 $\langle\psi|$ 态中必含有 $|\varphi_j\rangle$ 态与 $|\varphi_i\rangle$ 态,而 ρ_{ji} 的值与 $|\varphi_j\rangle$ 态及 $|\varphi_i\rangle$ 态在 $|\varphi\rangle$ 态中出现的概率幅及其相位有关,它可能具有正值,也可能具有负值,因此不能理解为某种概率,它表示 $|\varphi_j\rangle$ 态与 $|\psi_i\rangle$ 态干涉的结果.

密度算符 $\hat{\rho}$ 的性质如下:

(1) 密度算符 $\hat{\rho}$ 是厄米算符,即

$$\hat{\rho}^+ = \hat{\rho} \tag{3.108}$$

或者说,密度矩阵 $\langle\rho_{ji}\rangle$ 是厄米矩阵.

(2) 纯态的密度算符(密度矩阵)$\hat{\rho}$ 的迹等于 1,即

$$\text{tr}(\hat{\rho}) = \sum_i \rho_{ii} = \sum_i |c_i|^2 = 1 \tag{3.109}$$

量子算符 $\hat{A}$ 的平均值为

$$\begin{aligned}
\overline{\hat{A}} &= \langle\psi|\hat{A}|\psi\rangle \\
&= \sum_{ji} A_{ji} c_i c_j^* \\
&= \sum_{ji} A_{ji} \rho_{ij} \\
&= \sum_j (\hat{A}\hat{\rho})_{ij} \\
&= \text{tr}(\hat{A}\hat{\rho})
\end{aligned} \tag{3.110}$$

综上所述,利用纯态 $|\psi\rangle$ 定义的密度算符 $\hat{\rho}$,可以给出量子算符 $\hat{A}$ 在状态 $|\psi\rangle$ 上取本征值的概率和平均值,因此纯态密度算符 $\hat{\rho}$ 可以代表希尔伯特空间的态矢量 $|\psi\rangle$ 来描述量子系统纯态 $|\psi\rangle$ 的一个算符.

3.4.2　混合态的密度算符

一个量子系统由 N 个不同的态矢量($|\psi_1\rangle$,$|\psi_2\rangle$,$\cdots$,$|\psi_N\rangle$)描写的子系统构成,每个子系统在该系统以不确定的概率(P_1,P_2,$\cdots$,P_N)出现,这个量子系统的状态称为混合

态.混合态的表述方法为

$$|\psi_1\rangle, P_1 ; |\psi_2\rangle, P_2 ; \cdots ; |\psi_N\rangle, P_N$$

其中，$P_i \geqslant 0, \sum_{i=1}^{N} P_i = 1$.

混合态的密度算符 $\hat{\rho}$ 定义为

$$\hat{\rho} = \sum_i |\psi_i\rangle P_i \langle\psi_i| \tag{3.111}$$

为了具体地了解纯态和混合态密度算符 $\hat{\rho}$ 的矩阵形式，即密度矩阵的区别，现假设纯态的态矢量 $|\psi\rangle$ 是如下形式：

$$|\psi\rangle = \frac{1}{\sqrt{2}}|0\rangle + \frac{\mathrm{e}^{\mathrm{i}\varphi}}{\sqrt{2}}|1\rangle \tag{3.112}$$

即 $|\psi\rangle$ 是基矢 $|0\rangle$ 和 $|1\rangle$ 的相干叠加态，则密度算符 $\hat{\rho}$ 为

$$\hat{\rho} = |\psi\rangle\langle\psi| = \frac{1}{2}(|0\rangle\langle0| + \mathrm{e}^{-\mathrm{i}\varphi}|0\rangle\langle1| + \mathrm{e}^{-\mathrm{i}\varphi}|1\rangle\langle0| + |1\rangle\langle1|) \tag{3.113}$$

从而得到在基矢 $(|0\rangle, \langle1|)$ 下密度算符的矩阵形式为

$$\rho = \frac{1}{2}\begin{bmatrix} 1 & \mathrm{e}^{-\mathrm{i}\varphi} \\ \mathrm{e}^{\mathrm{i}\varphi} & 1 \end{bmatrix} \tag{3.114}$$

设混合态为 $\left(|0\rangle, \frac{1}{2} ; \mathrm{e}^{\mathrm{i}\varphi}|1\rangle, \frac{1}{2}\right)$，则利用式(3.111)，不难得到在 $(|0\rangle, |1\rangle)$ 基矢下密度算符 $\hat{\rho}$ 的矩阵形式为

$$\rho = \frac{1}{2}\begin{bmatrix} 1 & 0 \\ 0 & 1 \end{bmatrix} \tag{3.115}$$

比较式(3.114)，可以看到纯态密度矩阵的非对角元素不等于零，具有复共轭对称性，反映了量子相干性；混合态的非对角元素为零，反映了量子相干性不存在或消失了.

对于混合态而言，量子算符 $\hat{A}$ 的平均值要通过两次求平均值来实现. 首先，对算符 $\hat{A}$ 在每个参与态 $|\psi_i\rangle$ 上求平均值 $\langle\psi_i|\hat{A}|\psi_i\rangle$，然后进行各自概率 P_i 的加权平均，即混合态的量子算符 $\hat{A}$ 的平均值可表达为

$$\overline{A} = \sum_i P_i \langle\psi_i|\hat{A}|\psi_i\rangle = \mathrm{tr}(\hat{A}\hat{P}) \tag{3.116}$$

其中，密度算符 $\hat{\rho}$ 由式(3.111)定义. 对于纯态的量子算符 $\hat{A}$ 的平均值由式(3.110)给

出，即

$$\overline{A} = \sum_i |c_i|^2 \langle \psi_i | \hat{A} | \psi_i \rangle + \sum_{i \neq j} c_i^* c_j \langle \psi_i | \hat{A} | \psi_j \rangle \tag{3.117}$$

比较式(3.116)和式(3.117)，可以看到：纯态的平均值公式中存在 $i \neq j$ 的干涉项，而在混合态的平均值公式中不存在这种干涉项. 但是，利用密度算符 $\hat{\rho}$，可以统一地表达为 $\overline{A} = \mathrm{tr}(\hat{A}\rho)$ 的形式，也就是说，可以利用密度算符代替波函数来统一地描述纯态和混合态. 由于密度算符 $\hat{\rho}$ 是希尔伯特空间中定义的算符，比纯态和混合态的波函数的原始定义更加方便.

混合态密度算符与纯态密度算符的另一区别是纯态密度算符 $\mathrm{tr}(\hat{\rho}^2) = 1$，而混合态密度算符 $\mathrm{tr}(\hat{\rho})^2 < 1$，但二者都满足 $\mathrm{tr}(\hat{\rho}) = 1$，即密度算符具有如下性质：

若 $\{|\psi_i\rangle\}$ 是归一、完备但并不一定正交的函数集合，则有

$$\mathrm{tr}\,\hat{\rho} = 1$$
$$\mathrm{tr}\,\hat{\rho}^2 = \begin{cases} 1, & \text{对于纯态} \\ < 1, & \text{对于混合态} \end{cases} \tag{3.118}$$

对此种性质，证明如下：

选取一组正交归一完备的基矢 $\{|n\rangle\}$，对于纯态 $|\psi_i\rangle$ 有

$$\begin{aligned} \mathrm{tr}\,\hat{\rho} &= \sum_n \langle n | \psi_i \rangle \langle \psi_i | n \rangle \\ &= \sum_n \langle \psi_i | n \rangle \langle n | \psi_i \rangle \\ &= \langle \psi_i | \psi_i \rangle \\ &= 1 \end{aligned} \tag{3.119}$$

其中，$\sum_n |n\rangle\langle n| = 1$ 为完备性条件.

由于

$$\rho^2 = |\psi_i\rangle\langle \psi_i | \psi_i \rangle\langle \psi_i | = \hat{\rho}$$

故有

$$\mathrm{tr}\,\hat{\rho}^2 = \mathrm{tr}\,\hat{\rho} = 1 \tag{3.120}$$

对如下的混合态：

$$(|\psi_1\rangle, P_1; |\psi_2\rangle, P_2; \cdots; |\psi_n\rangle, P_n)$$

其密度算符的矩阵迹为

$$\text{tr}\,\hat{\rho} = \sum_n \langle n \mid \left(\sum_i \mid \psi_i \rangle P_i \langle \psi_i \mid \right) \mid n \rangle$$

$$= \sum_i \langle \psi_i \mid \psi_i \rangle P_i$$

$$= \sum_i P_i$$

$$= 1 \qquad\qquad (3.121)$$

而

$$\text{tr}\,\hat{\rho}^2 = \sum_n \langle n \mid \left(\sum_i \mid \psi_i \rangle P_i \langle \psi_i \mid \right) \left(\sum_j \mid \psi_j \rangle P_j \langle \psi_j \mid \right) \mid n \rangle$$

$$= \sum_{ij} \langle \psi_j \mid \psi_i \rangle \langle \psi_i \mid \psi_j \rangle P_i P_j$$

$$= \sum_i P_i \left(\sum_j \langle \psi_i \mid \psi_j \rangle^2 P_j \right)$$

其中

$$\sum_j \langle \psi_i \mid \psi_j \rangle^2 P_j \leqslant \sum_j P_j = 1$$

不论 $\mid \psi_i \rangle$ 与 $\mid \psi_j \rangle$ 是否正交,只有当 $P_j = 1$, $P_{i \neq j} = 0$ 时,上式的"$\leqslant$"中的等号才成立,而此时体系是纯态,因此对于混合态而言,只有

$$\text{tr}\,\rho^2 < 1 \qquad\qquad (3.122)$$

另外,若混合态是由一系列正交归一化的态 $\{\mid \psi_i \rangle\}$ 构成,由混合态密度算符的定义式(3.111),可得

$$\hat{\rho} \mid \psi_i \rangle = \sum_j \mid \psi_j \rangle P_j \langle \psi_j \mid \psi_i \rangle$$

$$= \sum_j \mid \psi_j \rangle P_j \delta_{ij}$$

$$= P_i \mid \psi_i \rangle \qquad\qquad (3.123)$$

此式表明,密度算符的本征态就是参与混合的那些态 $\mid \psi_i \rangle$,相应的本征值就是权重 P_i. 在这种情况下,混合态的密度算符是厄米算符.

3.4.3 密度算符的运动方程

密度算符是由态矢量定义的,若态矢量与时间相关,则密度算符也与时间有关,现推

导含时密度算符随时间 t 而变化的运动方程.

假设量子系统的混合态中的权重 P_i 不随时间变化,则混合态的含时密度算符可表达为

$$\hat{\rho}(t) = \sum_i |\psi_i(t)\rangle P_i \langle\psi_i(t)|, \quad \sum_i P_i = 1 \tag{3.124}$$

将此式两端对时间 t 求导,得

$$\frac{\partial}{\partial t}\hat{\rho}(t) = \sum_i \frac{\partial}{\partial t}|\psi_i(t)\rangle P_i\langle\psi_i(t)| + \sum_i |\psi_i(t)\rangle P_i\frac{\partial}{\partial t}\langle\psi_i(t)| \tag{3.125}$$

利用态矢量满足薛定谔方程,及其厄米共轭形式,可得

$$i\hbar\frac{\partial}{\partial t}|\psi_i(t)\rangle = \hat{H}|\psi_i(t)\rangle - i\hbar\frac{\partial}{\partial t}\langle\psi_i(t)| = \langle\psi_i(t)|\hat{H} \tag{3.126}$$

如此,式(3.125)可以写为如下形式:

$$i\hbar\frac{\partial}{\partial t}\hat{\rho}(t) = \sum_i \hat{H}|\psi_i(t)\rangle P_i\langle\psi_i(t)| - \sum_i |\psi_i(t)\rangle P_i\langle\psi_i(t)|\hat{H}$$

$$= \hat{H}\hat{\rho}(t) - \hat{\rho}(t)\hat{H}$$

$$= \lceil\hat{H},\hat{\rho}(x)\rfloor \tag{3.127}$$

此方程即为密度算符 $\hat{\rho}(t)$ 所满足的运动方程,利用此方程就可以由初始时刻 $t=0$ 的密度算符 $\hat{\rho}(0)$ 求出任意时刻 $t>0$ 的密度算符 $\hat{\rho}(t)$.

由式(3.32)可知,封闭量子系统的演化具有酉变换的性质,即 $\psi(r,t) = \hat{U}(t)\psi(r,0)$,将此式代入式(3.124)中,可得

$$\hat{\rho}(t) = \hat{U}(t)\hat{\rho}(0)\hat{U}^+(t) \tag{3.128}$$

此式与密度算符的运动方程(3.127)是等价的.

3.4.4　量子测量系统的密度算符

量子测量是由一组测量算符 $\{\hat{M}_m\}$ 描述的,这些测量算符作用在所测量的状态空间上,指标 m 指实验中出现的测量结果.现用密度算符 $\hat{\rho}$ 描述量子系统的状态.若初态的密度算符定义为 $\hat{\rho} = \sum_i P_i|\psi_i\rangle\langle\psi_i|$,其中,状态 $|\psi_i\rangle$ 以概率 P_i 出现.对 $|\psi_i\rangle$ 测量结果为 m 的概率是

$$P(m/i) = \langle \psi_i \mid \hat{M}_m^+ \hat{M}_m \mid \psi_i \rangle = \mathrm{tr}(\hat{M}_m^+ M_m \mid \psi_i \rangle \langle \psi_i \mid)$$

得到 m 的概率是

$$
\begin{aligned}
P(m) &= \sum_i P_i P(m/i) \\
&= \sum_i P_i \, \mathrm{tr}(\hat{M}_m^+ \hat{M}_m \mid \psi_i \rangle \langle \psi_i \mid) \\
&= \mathrm{tr}(\hat{M}_m^+ \hat{M}_m \hat{\rho})
\end{aligned}
\tag{3.129}
$$

测量后 $\mid \psi_i \rangle$ 状态塌缩为 $\mid \psi_i^m \rangle$ 态,即

$$\mid \psi_i^m \rangle = \frac{\hat{M}_m \mid \psi_i \rangle}{\sqrt{\langle \psi_i \mid \hat{M}_m^+ \hat{M}_m \mid \psi_i \rangle}} \tag{3.130}$$

通过得到结果 m 的测量过程,密度算符 $\hat{\rho}_m$ 为

$$
\begin{aligned}
\hat{\rho}_m &= \sum_i P(i/m) \mid \psi_i^m \rangle \langle \psi_i^m \mid \\
&= \sum_i \frac{P_i \cdot P(m/i)}{P(m)} \frac{\hat{M}_m \mid \psi_i \rangle \langle \psi_i \mid \hat{M}_m^+}{P(m/i)} \\
&= \sum_i \frac{P_i \hat{M}_m \mid \psi_i \rangle \langle \psi_i \mid \hat{M}_m^+}{P(m)} \\
&= \frac{\hat{M}_m \hat{\rho} \hat{M}_m^+}{\mathrm{tr}(\hat{M}_m^+ \hat{M}_m \rho)}
\end{aligned}
\tag{3.131}
$$

3.4.5 复合量子系统的约化密度算符

约化密度算符为复合量子系统在子系统上的测量提供了有效的方法. 假设复合量子系统是由 A 和 B 两个子系统组成的, 复合系统的状态用密度算符 $\hat{\rho}^{AB}$ 描述, 复合系统的状态可以是纯态, 也可以是混合态. 对于子系统 A 的约化密度算符定义为

$$\hat{\rho}^A = \mathrm{tr}_B(\hat{\rho}^{AB}) \tag{3.132}$$

其中, tr_B 称为在子系统 B 上的偏迹, 它定义为

$$\mathrm{tr}_B(\mid a_1 \rangle \langle a_2 \mid \otimes \mid b_1 \rangle \langle b_2 \mid) = \mid a_1 \rangle \langle a_2 \mid \mathrm{tr}(\mid b_1 \rangle \langle b_2 \mid) \tag{3.133}$$

此式中的 $|a_1\rangle$ 和 $\langle a_2|$ 是子系统 A 状态空间中的两个态矢量，$|b_1\rangle$ 和 $\langle b_2|$ 是子系统 B 状态空间中的两个态矢量，等式右边的迹运算是系统 B 上的迹运算，因此 $\mathrm{tr}\,(|b_1\rangle\langle b_2|) = \langle b_1|b_2\rangle$，则式(3.132)化为

$$\hat{\rho}^A = \langle b_1 \mid b_2 \rangle |a_1\rangle\langle a_2| \tag{3.134}$$

例如，由双量子比特位组成的复合量子系统，复合系统的状态矢量 $|\psi\rangle = \dfrac{1}{\sqrt{2}}(|00\rangle + |11\rangle)$，第一个量子位描述的量子态为子系统 A，第二个量子位描述的量子态为子系统 B，求第一个量子比特位的约化密度算符 $\rho' = \rho^A$.

由密度算符的定义得到复合系统的密度算符 $\hat{\rho}$ 为

$$
\begin{aligned}
\hat{\rho} &= |\psi\rangle\langle\psi| \\
&= \frac{|00\rangle + |11\rangle}{\sqrt{2}}\frac{\langle 00| + \langle 11|}{\sqrt{2}} \\
&= \frac{|00\rangle\langle 00| + |00\rangle\langle 11| + |11\rangle\langle 00| + |11\rangle\langle 11|}{\sqrt{2}}
\end{aligned}
$$

第一个量子比特位的约化密度算符 $\hat{\rho}' = \hat{\rho}^A$ 为

$$
\begin{aligned}
\hat{\rho}^A &= \mathrm{tr}_B(\hat{\rho}) \\
&= \mathrm{tr}_2(\hat{\rho}) \\
&= \frac{\mathrm{tr}_2(|00\rangle\langle 00| + |00\rangle\langle 11| + |11\rangle\langle 00| + |11\rangle\langle 11|)}{2} \\
&= \frac{|0\rangle\langle 0| + |1\rangle\langle 1|}{2}
\end{aligned}
$$

3.5　量子信息的基本概念和方法

量子信息是量子理论和信息科学技术相互交叉的领域，它不但发展了量子理论的基本思想，也促进了信息科学技术的发展.本节着重阐述与本书内容相关的量子信息中的一些基本概念和方法.

3.5.1 量子比特

比特是经典信息中的基本单位,用 0 或 1 表示,它表示处于 0 或处于 1 的状态.量子比特是一个二维量子系统中信息存储的基本单位.一个量子比特表示的量子态 $|\psi\rangle$ 用二维量子系统的两个状态 $|0\rangle$ 和 $|1\rangle$ 的线性组合表示,即

$$|\psi\rangle = \alpha |0\rangle + \beta |1\rangle \tag{3.135}$$

其中,α 是基态 $|0\rangle$ 的概率幅,β 是基态 $|1\rangle$ 的概率幅,$|\alpha|^2$ 表示量子态 $|\psi\rangle$ 处于 $|0\rangle$ 态的概率,$|\beta|^2$ 表示量子态 $|\psi\rangle$ 处于 $|1\rangle$ 态的概率,它们满足归一化条件:

$$|\alpha|^2 + |\beta|^2 = 1 \tag{3.136}$$

由此可见,对于一个量子比特,由于 α 和 β 可以取 $[0,1]$ 之间的任何值,因而可以由 $|0\rangle$ 和 $|1\rangle$ 组合成许多量子态.对于经典比特而言,只能表示 0 或 1 的一种状态,即相当于 α 和 β 只能取 0 或 1 的状态.因此,量子比特与经典比特相比,可以存储更多的信息.

由两个经典比特构成双比特的状态,只能有 4 种可能的组合态:(00),(01),(10) 和 (11).由两个单量子比特构成的双量子比特,对应的有 4 个基态:$|00\rangle$,$|01\rangle$,$|10\rangle$ 和 $|11\rangle$,一个双量子比特的量子态 $|\psi\rangle$ 是由这 4 个基态的线性叠加构成的,即

$$|\psi\rangle = \alpha_{00} |00\rangle + \alpha_{01} |01\rangle + \alpha_{10} |10\rangle + \alpha_{11} |11\rangle \tag{3.137}$$

其中,α_{00},α_{01},α_{10} 和 α_{11} 分别表示量子态 $|\psi\rangle$ 处于 $|00\rangle$,$|01\rangle$,$|10\rangle$ 和 $|11\rangle$ 的概率幅.通常也把 $|00\rangle$ 符号中的不同位置称为比特位.即第一个量子比特处于第一个位置,第二个量子比特处于第二个位置,因此,α_{00},α_{01},α_{10} 和 α_{11} 也分别表示第一个量子比特处于 $|0\rangle$,$|0\rangle$,$|1\rangle$ 和 $|1\rangle$ 第一个量子位,而第二个量子比特处于 $|0\rangle$,$|1\rangle$,$|0\rangle$ 和 $|1\rangle$ 的概率幅.对于双量子比特,4 个概率幅也满足归一化条件:

$$|\alpha_{00}|^2 + |\alpha_{01}|^2 + |\alpha_{10}|^2 + |\alpha_{11}|^2 = 1 \tag{3.138}$$

一般来说,由 n 个量子比特所构成的多量子比特,或者说,具有 n 个比特位的量子比特,它所具有的基态可表达为 $|x_1, x_2, \cdots, x_n\rangle$ 的形式,其中 $x_1, x_2, \cdots, x_n$ 只能取 0 或 1,这种形式的基态的数目是 2^n.例如,$n = 1$ 为单量子比特,其基态项目有 2 个,为 $|0\rangle$ 和 $|1\rangle$;$n = 2$ 为双量子比特,其基态数有 4 个,为 $|00\rangle$,$|01\rangle$,$|10\rangle$ 和 $|11\rangle$;$n = 3$ 为三量子比特,其基态数目有 8 个,为 $|000\rangle$,$|001\rangle$,$\cdots$,$|111\rangle$.若用 $|u_k\rangle$ 表示 k 个基态,即 $k = 1$,$2, \cdots, 2^n$,则多量子比特的状态 $|\psi\rangle$ 可由这些基态 $|u_k\rangle$ 的线性叠加来表示,即

$$|\psi\rangle = \sum_{i=1}^{2^n} c_i |u_k\rangle \tag{3.139}$$

其中,概率幅 c_i 满足归一化条件

$$\sum_{i=1}^{2^n} |c_i|^2 = 1 \tag{3.140}$$

由此可见,随着比特位 n 的增多,相应量子比特所承载的信息量非常迅速地增多,远远超过相应位数的经典比特所能承载的信息量.

综上所述,量子比特定量描述了量子态承载信息的属性,它具有量子态的本质.

3.5.2 量子门

类似于经典计算机中的逻辑门,量子门的基本功能是对信息进行处理,当把量子门作用到量子比特的量子态上时,可使其转变为新的量子态,从而实现信息的转变.因此,量子门本质上是量子算符,可以用酉矩阵对其进行表示,量子门按照它们作用的量子比特位的数目,可分为一位门、二位门和三位门等.

1. 一位量子门

单量子比特的两个基态 $|0\rangle$ 和 $|1\rangle$ 可表示为如下二维列矢量的形式:

$$|0\rangle = \begin{bmatrix} 1 \\ 0 \end{bmatrix}, \quad |1\rangle = \begin{bmatrix} 0 \\ 1 \end{bmatrix} \tag{3.141}$$

它们是一对正交归一化的基矢量.

最简单的一位量子门具有泡利矩阵的形式,它们是

$$X = \begin{bmatrix} 0 & 1 \\ 1 & 0 \end{bmatrix} \tag{3.142}$$

其作用如下:

$$X|0\rangle = \begin{bmatrix} 0 & 1 \\ 1 & 0 \end{bmatrix} \begin{bmatrix} 1 \\ 0 \end{bmatrix} = \begin{bmatrix} 0 \\ 1 \end{bmatrix} = |1\rangle$$

$$X|1\rangle = \begin{bmatrix} 0 & 1 \\ 1 & 0 \end{bmatrix} \begin{bmatrix} 0 \\ 1 \end{bmatrix} = \begin{bmatrix} 1 \\ 0 \end{bmatrix} = |0\rangle$$

$$Y = \begin{bmatrix} 0 & -1 \\ 1 & 0 \end{bmatrix} \tag{3.143}$$

它的作用是

$$Y|0\rangle = |1\rangle, \quad Y|1\rangle = -|0\rangle$$

$$Z = \begin{bmatrix} 1 & 0 \\ 0 & -1 \end{bmatrix} \tag{3.144}$$

它的作用是

$$Z|0\rangle = |0\rangle, \quad Z|1\rangle = -|1\rangle$$

另外一个被经常使用的一位量子门,被称为哈达马门,它的矩阵表示形式为

$$H = \frac{1}{\sqrt{2}} \begin{bmatrix} 1 & 1 \\ 1 & -1 \end{bmatrix} \tag{3.145}$$

它的作用是

$$H|0\rangle = \frac{|0\rangle + |1\rangle}{\sqrt{2}}, \quad H|1\rangle = \frac{|0\rangle - |1\rangle}{\sqrt{2}}$$

也就是说,这个量子门的作用可以把$|0\rangle$或$|1\rangle$转变为这两个基态的线性组合.

2. 二位量子门

双量子比特的 4 个基态$|00\rangle$,$|01\rangle$,$|10\rangle$和$|11\rangle$,可用如下 4 维列矢量表示:

$$|00\rangle = \begin{bmatrix} 1 \\ 0 \\ 0 \\ 0 \end{bmatrix}, \quad |01\rangle = \begin{bmatrix} 0 \\ 1 \\ 0 \\ 0 \end{bmatrix}, \quad |10\rangle = \begin{bmatrix} 0 \\ 0 \\ 1 \\ 0 \end{bmatrix}, \quad |11\rangle = \begin{bmatrix} 0 \\ 0 \\ 0 \\ 1 \end{bmatrix} \tag{3.146}$$

CNOT 门是被广泛使用的二位量子门,它的矩阵表示形式为

$$A = \begin{bmatrix} 1 & 0 & 0 & 0 \\ 0 & 1 & 0 & 0 \\ 0 & 0 & 0 & 1 \\ 0 & 0 & 1 & 0 \end{bmatrix} \tag{3.147}$$

它的作用是

$$A|00\rangle = |00\rangle, \quad A|01\rangle = |01\rangle$$

$$A\,|10\rangle = |11\rangle, \quad A\,|11\rangle = |10\rangle$$

在量子信息技术中,通常把第一个量子比特位称为控制量子比特,第二个量子比特位称为目标量子比特位,CNOT 量子门的作用是当第一个控制量子比特取$|0\rangle$时,目标量子比特不发生变化;当第一个控制量子比特取$|1\rangle$时,目标量子比特发生翻转.因此,CNOT 量子门起到的是可控非门的作用.

3. 三位量子门

三位量子门中最重要的是 Toffoli 门(简称 T 门),它的矩阵形式为

$$T = \begin{bmatrix} 1 & 0 & 0 & 0 & 0 & 0 & 0 & 0 \\ 0 & 1 & 0 & 0 & 0 & 0 & 0 & 0 \\ 0 & 0 & 1 & 0 & 0 & 0 & 0 & 0 \\ 0 & 0 & 0 & 1 & 0 & 0 & 0 & 0 \\ 0 & 0 & 0 & 0 & 1 & 0 & 0 & 0 \\ 0 & 0 & 0 & 0 & 0 & 1 & 0 & 0 \\ 0 & 0 & 0 & 0 & 0 & 0 & 0 & 1 \\ 0 & 0 & 0 & 0 & 0 & 0 & 1 & 0 \end{bmatrix} \tag{3.148}$$

T 门的作用是当第 1 量子位和第 2 量子位都取$|1\rangle$时,才对第 3 量子位执行翻转变换.因此,它是一个三位控制—控制—非门.

三位量子门中另一个是 Fredkin 门(简称 F 门),它的矩阵形式为

$$F = \begin{bmatrix} 1 & 0 & 0 & 0 & 0 & 0 & 0 & 0 \\ 0 & 1 & 0 & 0 & 0 & 0 & 0 & 0 \\ 0 & 0 & 1 & 0 & 0 & 0 & 0 & 0 \\ 0 & 0 & 0 & 1 & 0 & 0 & 0 & 0 \\ 0 & 0 & 0 & 0 & 1 & 0 & 0 & 0 \\ 0 & 0 & 0 & 0 & 0 & 0 & 1 & 0 \\ 0 & 0 & 0 & 0 & 0 & 1 & 0 & 0 \\ 0 & 0 & 0 & 0 & 0 & 0 & 0 & 1 \end{bmatrix} \tag{3.149}$$

此 F 门的作用是当 F 作用于$|x\rangle \otimes |y\rangle \otimes |z\rangle$时,若$|x\rangle$为$|0\rangle$,$|y\rangle$和$|z\rangle$不变;若$|x\rangle$为$|1\rangle$,$|y\rangle$和$|z\rangle$变换.因此,F 门是一个三位的受控交换门.

3.5.3 量子线路

量子线路是量子系统上信息处理过程的图形表示方法,类似于经典计算机是由包含连线和逻辑门的线路构建的,量子计算机是由包含连线和基本量子门排列起来的,形成了处理量子信息的量子线路.在量子线路中的连线不一定对应物理上的连线,而可能是对应一段时间,或者对应一个从空间的一处移动到另一处物理粒子,如光子、量子线路是所有量子过程的有用模型,包括量子计算和量子通信等.

量子线路的基本性质:时间前进、自左向右,即线路的读法是从左到右,连线代表量子比特,顶上的连线表示控制量子比特,线下连续表示目标量子比特,量子门用相应符号表示,单量子门的符号如表 3.1 所示.

表 3.1　常用单量子门符号

量子门名称	符号	酉矩阵
哈达玛门	—H—	$\frac{1}{\sqrt{2}}\begin{bmatrix} 1 & 1 \\ 1 & -1 \end{bmatrix}$
X 门	—X—	$\begin{bmatrix} 0 & 1 \\ 1 & 0 \end{bmatrix}$
Y 门	—Y—	$\begin{bmatrix} 0 & -1 \\ 1 & 0 \end{bmatrix}$
Z 门	—Z—	$\begin{bmatrix} 1 & 0 \\ 0 & -1 \end{bmatrix}$
相位门	—S—	$\begin{bmatrix} 1 & 0 \\ 0 & i \end{bmatrix}$
$\frac{\pi}{8}$ 门	—T—	$\begin{bmatrix} 1 & 0 \\ 0 & e^{i\pi/\varphi} \end{bmatrix}$

常用双量子门的符号如表 3.2 所示.

三位量子门 Toffoli 门的符号为

表 3.2　常用双量子门符号

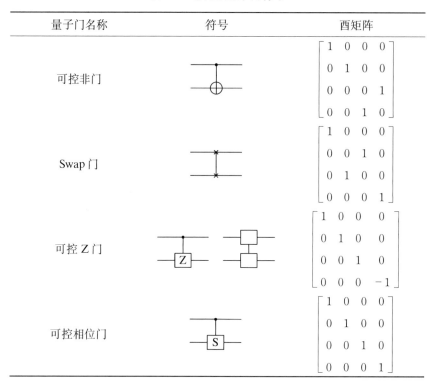

量子门名称	符号	酉矩阵
可控非门		$\begin{bmatrix} 1 & 0 & 0 & 0 \\ 0 & 1 & 0 & 0 \\ 0 & 0 & 0 & 1 \\ 0 & 0 & 1 & 0 \end{bmatrix}$
Swap 门		$\begin{bmatrix} 1 & 0 & 0 & 0 \\ 0 & 0 & 1 & 0 \\ 0 & 1 & 0 & 0 \\ 0 & 0 & 0 & 1 \end{bmatrix}$
可控 Z 门		$\begin{bmatrix} 1 & 0 & 0 & 0 \\ 0 & 1 & 0 & 0 \\ 0 & 0 & 1 & 0 \\ 0 & 0 & 0 & -1 \end{bmatrix}$
可控相位门		$\begin{bmatrix} 1 & 0 & 0 & 0 \\ 0 & 1 & 0 & 0 \\ 0 & 0 & 1 & 0 \\ 0 & 0 & 0 & 1 \end{bmatrix}$

三位量子门 Fredkin 门的符号为

另外,在量子主线路中所用图形的含义如下:

$|\psi\rangle$ ————————　　表示测量的量子线路符号

————————　　传送单一量子比特信号

＝＝＝＝＝＝＝　　传送单一经典比特信号

————／^{n}————　　传送 n 个量子比特信号

　　量子线路中输出端通常是测量,一般来说,测量是不可逆的,量子系统一旦经过测量,量子信息就会被破坏而塌缩为经典信息.因此,表示测量的量子线路符号是量子世界与经典世界的接口.

　　在经典计算中,由"与、或、非"门组成的集合,可以用来计算任意的经典函数,称这样一个门的集合,对经典计算是通用的.在量子计算中,已经证明,哈达玛门、相位门、可控非门和 $\frac{\pi}{8}$ 门可以构成量子计算的通用门.

量子线路是量子计算过程的有效模型.量子计算过程可归结为制备量子态,演化量子态,最后对量子态实施测量.因此,设计出来的量子线路能否成为量子计算过程的有效模型,包括如下一些关键要素:

(1) 适当的状态空间,量子线路在某个数目为 n 的量子比特值上进行操作,因此,状态空间是 2^n 维的复希尔伯特空间,计算基态为 $|x_1,x_2,\cdots,x_n\rangle$,其中,$x_i=[0,1]$ 的二进制表示,计算基态 $|x_1,\cdots,x_n\rangle$ 可以至多在 n 步内制备出来.

(2) 进行量子门计算的能力,量子门可以随意应用到量子比特的任何子集,并且可以实现一组通用量子门.

(3) 在计算基态中测量的能力,即可以在计算基态中进行一个或多个量子比特的测量.

双比特量子搜索算法的量子线路如图 3.1 所示:顶上两个量子比特承载着查询,底下的量子比特承载着响应,执行着开始的哈达玛变化和一个单次 Grover 迭代.

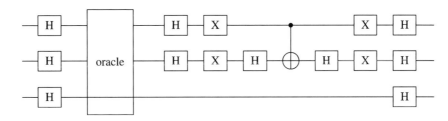

图 3.1 双比特量子搜索算法的量子线路

3.5.4 量子信息熵

量子信息熵是量子信息理论的最基本概念,它用来度量量子系统的状态所包含的不确定性.香农熵测量的不确定性和经典概率分布相关联.由冯·诺依曼(von Neumann)提出的量子信息熵是用密度算符 $\hat{\rho}$ 替代经典概率分布 p_i.

1. 纯态量子系统的信息熵

若量子纯态的密度算符为 $\hat{\rho}$,则其信息熵定义为

$$S(\hat{\rho}) = -\operatorname{tr}(\hat{\rho}\log\hat{\rho}) \tag{3.150}$$

其中,对数是以 2 为底的.若 λ_i 是密度算符 $\hat{\rho}$ 的本征值,则式(3.150)也可写为

$$S(\hat{\rho}) = -\sum_i \lambda_i \log \lambda_i \tag{3.151}$$

量子信息熵具有如下的性质:

(1) 从量子信息熵的定义可以得到,量子信息熵是非负的,当且仅当量子状态为纯态时,量子信息熵为零.

(2) 在 d 维希尔伯特空间中,量子信息熵最多为 $\log d$,当且仅当量子系统处于完全混合态时,量子信息熵等于 $\log d$.

2. 混合量子系统的信息熵

由于混合量子系统的密度算符 $\hat{\rho}$ 可表达为

$$\hat{\rho} = \sum_i P_i \hat{\rho}_i \tag{3.152}$$

则混合量子系统的信息熵 $S(\hat{\rho})$,可表达为

$$\begin{aligned}
S(\hat{\rho}) &= S\Big(\sum_i P_i \rho_i\Big) \\
&= -\sum_{ij} P_i \lambda_i^j \log P_i \lambda_i^j \\
&= -\sum_i P_i \log P_i - \sum_i P_i \sum_j \lambda_i^j \log \lambda_i^j \\
&= H(P_i) + \sum_i P_i S(\hat{\rho}_i)
\end{aligned} \tag{3.153}$$

此式表明,混合量子系统的信息熵满足如下的不等式:

$$S\Big(\sum_i P_i \hat{\rho}_i\Big) \geqslant \sum_i P_i S(\hat{\rho}_i) \tag{3.154}$$

直观上,$\sum_i P_i \hat{\rho}_i$ 表示量子系统的状态以概率 P_i 处于未知状态 $\hat{\rho}_i$,对状态的这种方式混合的不确定性,应该高于状态 $\hat{\rho}_i$ 的平均不确定性,因为状态 $\sum_i P_i \hat{\rho}_i$ 表达的不仅是对状态 $\hat{\rho}_i$ 的未知,而且还包含对指标 i 的未知.

3. 复合量子系统的信息熵

类似于经典信息熵,对于复合量子系统可定义量子联合信息熵、量子条件信息熵和

量子互信息熵等.由两个部分 A 和 B 组成的复合系统:

(1) 量子联合熵定义为

$$S(A,B) = -\,\mathrm{tr}\,(\hat{\rho}^{AB} \log \hat{\rho}^{AB}) \tag{3.155}$$

其中, $\hat{\rho}^{AB}$ 是复合系统的密度算符.

(2) 量子条件熵定义为

$$S(A \mid B) = S(A \cdot B) - S(B) \tag{3.156}$$

(3) 量子互信息熵定义为

$$\begin{aligned} S(A:B) &= S(A) + S(B) - S(A \cdot B) \\ &= S(A) - S(A \mid B) \\ &= S(B) - S(B \mid A) \end{aligned} \tag{3.157}$$

(4) 量子相对熵定义为

$$S(A \parallel B) = \mathrm{tr}\,(\hat{\rho}^A \log \hat{\rho}^A) - \mathrm{tr}\,(\hat{\rho}^A \log \hat{\rho}^B) \tag{3.158}$$

量子相对熵 $S(\hat{\rho}^A \parallel \hat{\rho}^B)$ 是非负的,即 $S(\hat{\rho}^A \parallel \hat{\rho}^B) \geqslant 0$,当且仅当 $\hat{\rho}^A = \hat{\rho}^B$ 时取等号.

对于复合量子系统的信息熵具有如下运算性质:

(1) 若复合量子系统纯态,则 $S(A) = S(B)$.

(2) 量子信息熵的张量积:

$$S(\hat{\rho}^A \otimes \hat{\rho}^B) = S(\hat{\rho}^A) + S(\hat{\rho}^B) \tag{3.159}$$

(3) 次可加性:两个量子系统的聚合信息熵满足不等式

$$S(A \cdot B) \leqslant S(A) + S(B) \tag{3.160}$$

(4) 强次可加性:两个量子系统上的次可加性不等式(3.160)可推广到三量子系统 (A,B,C),给出强次可加性不等式如下:

$$S(A,B,C) + S(B) \leqslant S(A,B) + S(B,C) \tag{3.161}$$

在实践中,这些运算性质都有着重要作用.例如,用量子条件信息熵或量子互信息熵相应的强次可加性,可以得出一些重要的结果:

(1) 条件可减少熵,即

$$S(A \mid B,C) \leqslant S(A \mid B)$$

(2) 丢弃量子系统从不增加互信息,即

$$S(A:B) \leqslant S(A:B,C)$$

（3）量子运算从不增加互信息，即

$$S(A':B') \leqslant S(A:B)$$

其中 $S(A':B')$ 代表运算后的互信息熵，而 $S(A:B)$ 是运算前的互信息熵.

4. 量子测量系统的信息熵

当进行量子测量时，量子测量系统的信息熵如何变化取决于测量的类型.

若在量子系统上进行出投影算符 $\hat{M}_i$ 描述的投影测量，测量前量子系统的状态为 $\hat{\rho}$，测量后状态为 $\hat{\rho}'$，则有

$$\hat{\rho}' = \sum_i \hat{M}_i \hat{\rho} \hat{M}_i \tag{3.162}$$

其中，$\hat{M}_i$ 是一组完备正交投影算符，可以证明：

$$S(\hat{\rho}') \geqslant S(\hat{\rho}) \tag{3.163}$$

当且仅当 $\hat{\rho}' = \hat{\rho}$ 时，取等号. 式(3.163)表明，投影测量增加信息熵.

将量子相对熵 $S(\hat{\rho}^A \parallel \hat{\rho}^B) \geqslant 0$ 的不等式应用到 $\hat{\rho}$ 和 $\hat{\rho}'$ 上，则有

$$0 \leqslant S(\hat{\rho}' \parallel \hat{\rho}) = -S(\hat{\rho}) - \mathrm{tr}(\hat{\rho} \log \hat{\rho}') \tag{3.164}$$

应用投影算符 $\hat{M}_i$ 的完备性关系 $\sum_i \hat{M}_i = I$，关系 $\hat{M}_i^2 = \hat{M}_i$ 和迹的循环性质，得

$$-\mathrm{tr}(\hat{\rho} \log \hat{\rho}') = -\mathrm{tr}\left(\sum_i \hat{M}_i \hat{\rho} \log \hat{\rho}'\right)$$

$$= -\mathrm{tr}\left(\sum_i \hat{M}_i \hat{\rho} \log \hat{\rho}' \hat{M}_i\right)$$

由于 $\hat{\rho}' \hat{M}_i = \hat{M}_i \hat{\rho} \hat{M}_i = \hat{M}_i \hat{\rho}'$，即 $\hat{M}_i$ 与 $\hat{\rho}'$ 是可对易的，从而与 $\log \hat{\rho}'$ 可对易，得

$$-\mathrm{tr}(\hat{\rho} \log \hat{\rho}') = -\mathrm{tr}\left(\sum_i \hat{M}_i \hat{\rho} \hat{M}_i \log \hat{\rho}'\right)$$

$$= -\mathrm{tr}(\hat{\rho}' \log \hat{\rho}')$$

$$= S(\hat{\rho}') \tag{3.165}$$

把式(3.165)代入式(3.164)中，则可证明式(3.163)成立.

综上所述，量子信息熵不但定量地描述了量子系统的不确定性，而且也成为研究量子过程中不确定性变化规律的重要方法，在量子计算和量子信息技术中发挥着重要作用.

3.6　小结

量子理论与经典理论相比较,具有如下的特点:

(1) 量子状态的波函数是概率性的不确定性描述,而经典状态的轨道是因果性的确定性描述.

(2) 描述量子系统各种属性的量子算符的本征值,不能完全由状态波函数确定,只能给出取每个本征值的概率和量子算符的平均值.在量子理论中,位移、动量和能量等具有同等重要的地位.在经典理论中,位移变量具有主导地位,其他可观测量都可以由轨道函数给出.

(3) 在经典理论中,理论形式是唯一的.在量子理论中,理论形式不是唯一的,而有多种等价的形式:波动力学形式、矩阵力学形式、密度算符统计形式和量子信息形式等.因此,利用量子理论解决实际问题时,可以根据实际问题的特性,选取不同的量子理论形式和方法,或者综合使用不同理论形式和方法中有利于问题解决的组合.

这些特点从不同角度反映了量子理论不确定性本质的具体内涵,表明了量子理论对客观世界具有较强的适应能力和解决复杂问题的巨大的潜力.

第 4 章

不确定性决策的量子理论

4.1　引言

在构建不确定性决策理论时,所涉及的主要问题如下:

(1) 不确定性决策过程包括如下 4 个阶段:

① 分析和表达不确定性决策问题:包括确定决策目标,分析影响决策目标的各种不确定性因素和各种约束条件,从而给出不确定性决策问题的全面描述和表达.

② 构建不确定性决策问题的数学模型:包括构建决策环境的状态空间、决策者的策略空间,以及二者之间相互关联的模型,从而设计出各种可行的决策方案.

③ 确定不确定性决策问题的效用函数,即确定由状态空间和策略空间到其共同决定的决策结果之间的映射关系,从而给出评估各种可行方案质量的标准,以及从中选择最

合适方案的决策准则.

④ 决策方案的执行:若执行的结果能够很好地实现决策目标,则获得了新知识;若执行结果未能很好地实现决策目标,则可将有关信息进行反馈,用以改进决策过程.

(2) 不确定性决策过程的本质是不完全信息的输入、流动和再生.在决策的各个阶段,信息通过信息载体,在信息源和决策者之间交互,将数据、知识和方法等信息传递给决策者,从而影响着决策的制定;同时,决策形成过程中产生的新数据、新知识和新方法又回流到信息源,经过信息载体的整理加工形成新的信息记录下来,并同时完成信息载体中错误、陈旧信息的修改和更新工作;信息对决策的影响还体现在决策实施过程中,信息流可以把出现的情况和问题反馈给信息载体,通过信息再生过程记录下来,用以指导新的决策.由此可见,整个信息的流动过程,就是信息处理和再生过程.信息是决策者进行科学决策以解决实际问题的基础,但是并不是有了信息,就一定能够做出正确的决策,关键在于对信息进行适当的加工处理,才能产生出新的用以指导行动的策略信息.

(3) 决策者的认知过程在决策过程中起到核心作用,决策者对外部客观世界的知觉、记忆和思维等一系列认知过程,可以看成是对信息的接收、存储、传递和处理过程.尽管计算机和大脑两者的物质结构不大一样,一个是无生命的机器,一个是由上亿神经元组成的有机体,但是计算机软件所表现的功能和大脑的认知过程有类似之处,它们都是信息处理加工系统,都进行输入信息,编辑,存储记忆,做出决策和输出结果的工作.如果把大脑中所存储的概念、规则、范例和关系等作为计算机的数据结构,把大脑中存储的演绎、搜索、匹配等看作类似计算机中的操作,则大脑的认知过程就是在这些心理表征结构上进行操作的计算程序.

(4) 决策者的认知过程总是在一定决策目标约束下,在一定的环境中进行的,因此,决策者所做出的决策,既决定于决策者本身,同时又是适应环境的结果,也就是说,决策过程既包含决策者的认知过程,又包含决策者与环境之间的适应关系.决策者与环境之间的适应性是通过决策者的学习过程来完成的.决策者的学习过程是决策者对来自环境的信息进行内在的认知加工的过程,它是决策者大脑中的内部活动,通过学习过程使决策者在已有内在认知结构和新输入信息之间建立相互联系和相互配合的新结构,这种新的认知结构又作为高级学习的基础,使决策者的认知结构得到发展和提高.由此可见,决策者的决策过程是自适应、自学习的动态演化过程.

我们基于对构建不确定性决策理论的上述理解,利用量子理论的基本思想和方法,构建了不确定性决策的量子理论和算法,其中所包括的主要创新内容如下:

(1) 不确定性决策问题的量子态表示.

(2) 不确定性决策问题的量子价值算符.

(3) 不确定性决策问题的量子决策树.

（4）不确定性决策问题的量子遗传编程算法.

（5）不确定性决策量子理论的进化算法及其应用.

在本章中,我们着重阐述不确定性决策问题的量子理论部分,即不确定性决策问题的量子态表示、量子价值算符和量子决策树三方面的内容.在第 5 章中,将详细阐述不确定性决策问题的量子遗传编程算法的基本原理和方法.在第 6 章中,将进一步阐述不确定性决策量子理论的进化算法及其应用.

4.2　不确定性决策问题的量子态表示

在不确定性决策问题中,通常用自然语言描述其所涉及的各类不确定性因素.在不确定性决策的经典理论中,通过引入测度参量,把用自然语言描述的不确定性因素转变为可用实数度量的表示形式,从而给出不确定性程度的定量描述,如第 1 章中阐述的随机不确定性的概率、模糊不确定性的隶属度等,从而利用随机变量及其概率分布、模糊变量及其隶属度和可信度分布,来描述不确定性决策问题中的状态空间和策略空间.

利用波函数表示量子系统的状态是量子理论的最基本的思想,波函数具有量子概率的内涵,它与经典概率有本质的差别,同时,波函数满足量子态叠加原理,它揭示了客观世界更深层次的不确定性.据此,我们提出利用量子态波函数表示不确定性决策问题的状态空间和策略空间.

4.2.1　不确定性决策问题量子态表示的具体方法

不确定性决策问题量子态表示的具体方法如下:若不确定性决策问题可能有的自然状态为 $(q_1, q_2, \cdots, q_i, \cdots, q_n)$,相应的波函数表示为 $(|q_1\rangle, |q_2\rangle, \cdots, |q_i\rangle, \cdots, |q_n\rangle)$,则决策前不确定性决策问题的自然状态 $|\psi\rangle$ 可表示为所有可能状态 $(|q_1\rangle, |q_2\rangle, \cdots, |q_i\rangle, \cdots, |q_n\rangle)$ 的叠加态的形式,即

$$|\psi\rangle = \sum_i c_i |q_i\rangle \tag{4.1}$$

其中

$$\sum_i |c_i|^2 = 1 \tag{4.2}$$

若不确定性决策问题中,决策者可能有策略(行动、方案等)为$(a_1, a_2, \cdots, a_j, \cdots, a_m)$,相应的波函数表示为$(|a_1\rangle, |a_2\rangle, \cdots, |a_j\rangle, \cdots, |a_m\rangle)$,则决策前不确定性决策问题的决策者的策略$|s\rangle$可表示为所有可能决策$(|a_1\rangle, |a_2\rangle, \cdots, |a_j\rangle, \cdots, |a_m\rangle)$的叠加态的形式,即

$$|s\rangle = \sum_j \mu_j |a_j\rangle \tag{4.3}$$

其中

$$\sum_j |\mu_j|^2 = 1 \tag{4.4}$$

例如,在不确定性金融市场的决策问题中,金融市场有两种可能的状态$(|q_1\rangle, |q_2\rangle)$,其中$|q_1\rangle$表示市场价格上涨的状态,$|q_2\rangle$表示市场价格下降的状态. 在交易前,金融市场的状态$|\psi\rangle$可表示为$|q_1\rangle$和$|q_2\rangle$的叠加状态,即

$$|\psi\rangle = c_1 |q_1\rangle + c_2 |q_2\rangle \tag{4.5}$$

在不确定性金融市场中,交易者可能采取的决策为$(|a_1\rangle, |a_2\rangle)$,其中$|a_1\rangle$表示交易者采取"买"的策略,$|a_2\rangle$表示交易者采取"卖"的策略. 交易前,交易者所采取的决策$|s\rangle$可表示为$|a_1\rangle$和$|a_2\rangle$叠加态的形式,即

$$|s\rangle = \mu_1 |a_1\rangle + \mu_2 |a_2\rangle \tag{4.6}$$

4.2.2　不确定性决策问题量子态表示的意义和作用

不确定性决策问题上述量子态表示方法与利用随机变量和模糊变量等经典表示方法相比,具有如下优点:

(1) 波函数的本质表明:它对不确定性的描述是完整的,即波函数所承载的信息可以完整地描述相关问题的不确定性,不需要再附加另外一些描述不确定性的参量的数据或信息. 在不确定性决策的经典理论中,除了随机变量或模糊变量等所承载的信息以外,还需要给定概率分布,或隶属度分布等不确定性程度的度量数据,才能对不确定性决策问题进行完整的描述. 例如,对于随机不确定性问题需要随机变量X的取值$(x_1, x_2, \cdots, x_n)$及其概率分布$(p_1, p_2, \cdots, p_n)$两种数据,即

$$X = \begin{cases} x_1, x_2, \cdots, x_n \\ p_1, p_2, \cdots, p_n \end{cases}$$

显然,在经典决策理论中,$(x_1, x_2, \cdots, x_n)$ 可以由客观数据赋值,但 $(p_1, p_2, \cdots, p_n)$ 通常都是采取一些办法估算出来的,具有一定的主观性. 因此,从随机变量 X 的输入原始数据出发,在决策过程中所进行的所有推演或信息加工处理,其客观性存在不同程度的问题,其所得出的决策结果的可靠性也就存在着不同程度的问题,这是不确定性决策经典理论本身固有的问题. 在不确定性决策的量子理论中,由于波函数直接承载着客观数据,不再需要任何附加参量数据,同时,不确定性决策过程是以波函数作为操作对象的,因此,量子决策理论所得结果的客观性和可靠性,从本质上得到了提高.

（2）波函数所承载的信息量远远超过相应经典随机变量等所承载的信息量. 正如第3章所述:经典比特用 0 或 1 表示,它表示处于 0 表示的状态,或是处于 1 表示的状态;量子比特是一个二维量子系统中信息存储的基本单位,一个量子比特表示的量子态 $|\psi\rangle$ 用二维量子系统中的两个状态 $|0\rangle$ 和 $|1\rangle$ 的线性叠加表示,即

$$|\psi\rangle = \alpha |0\rangle + \beta |1\rangle \tag{4.7}$$

其中 α 和 β 为对应基态 $|0\rangle$ 和 $|1\rangle$ 的概率幅,它们满足归一化条件:

$$\alpha^2 + \beta^2 = 1 \tag{4.8}$$

由于 α 和 β 可以取 $[0,1]$ 之间的任何值. 从而可以由 $|0\rangle$ 和 $|1\rangle$ 组成许多量子态. 对于经典比特而言,只能表示 0 或 1 的一种状态,即相当于 α 和 β 只能取 0 或 1 的状态,由此可见,一个量子比特与经典比特相比,可以存储更多的信息. 一般来说,由 n 个量子比特所构成的多量子比特 $|\psi\rangle$,可表达如下线性叠加形式:

$$|\psi\rangle = \sum_{k=1}^{2^n} c_k |u_k\rangle \tag{4.9}$$

其中,$|u_k\rangle$ 是具有表达形式为 $|x_1, x_2, \cdots, x_n\rangle$ 的基态,如 $n=1$ 单量子比特,有 2 个基态 $|0\rangle$ 和 $|1\rangle$;$n=2$ 双量子比特,则有 4 个基态 $|00\rangle$,$|01\rangle$,$|10\rangle$ 和 $|11\rangle$;对 n 量子比特,则有 2^n 个基态. 概率幅 c_k 也满足归一化条件:

$$\sum_{k=1}^{2^n} |c_k|^2 = 1 \tag{4.10}$$

由此可见,随着比特位 n 的增大,多量子比特所承载信息量非常迅速地增大,远远超过 n 个经典随机变量所能承载的信息量.

（3）利用波函数统一描述了不确定性决策问题的状态空间和策略空间. 在不确定性

不确定性决策的量子理论与算法
Quantum Theory and Algorithms for Uncertain Decision-Making

决定问题中,决策者与决策环境是一个统一整体,共同决定了决策结果.但是,在不确定性决策的经典理论中,对环境的状态空间和决策者的策略空间采用不同的描述形式,不利于状态空间和策略空间相互之间的关联的描述.我们在不确定性决策量子理论中,利用式(4.1)和式(4.7)的统一数学形式,描述了不确定性决策问题的状态空间和策略空间,也就是说,它们都属于希尔伯特空间,具有相同的数学性质,只是具有不同的物理内涵.不确定性决策问题的状态空间和策略空间的量子态的统一表示形式,非常有利于研究从状态空间和策略空间到决策结果的映射关系,即有利于构建不确定性决策效用函数的具体形式.同时,它为构建客观环境不确定性与决策者内在认知不确定性相统一的完整的不确定性决策理论,提供了新的思路.

4.3 不确定性决策问题的量子价值算符

不确定性决策理论需要解决的一个基本问题是定量评价可能的行动的后果.在量化后果的价值时,存在的重要问题为后果本身是用自然语言表述的,没有合适的直接测量的标度;即使有一个明确的标度可以测量后果(例如货币),但按照这个标度测得的量并不一定能够反映后果对决策者的真正价值,即后果价值因人而异.因此,在不确定性决策的经典理论中引入效用函数 u 来定量表达决策者所采取的行动的后果对决策者的实际价值.主、客观两种不确定性所导致的决策后果也是不确定的,在不确定性决策的经典理论中,通常利用各种后果 $(c_1, c_2, \cdots, c_r)$ 和各种后果出现的概率 $(p_1, p_2, \cdots, p_r)$ 来全面描述采取某种行动的可能前景 IP,即

$$IP = \langle p_1 c_1; p_2 c_2; \cdots; p_r c_r \rangle \tag{4.11}$$

也可把 IP 简称为不确定性决策的展望.由决策者所有可能采取行动的展望构成的集合,称为不确定性决策问题的展望集合.不确定性决策问题的效用函数 u,可在展望集 IP 上定义如下:若在展望集 IP 上存在有实值函数 u,它和 IP 上的偏序关系 $\geqslant$ 一致,即

$$\text{若 } p_1, p_2 \in IP, p_1 \geqslant p_2, \text{当且仅当 } u(p_1) \geqslant u(p_2) \tag{4.12}$$

则称 u 为效用函数.这个定义给出了效用函数的最基本的性质:效用函数 u 的取值次序与展望集 IP 中 p 的优劣次序相一致,从而就可以根据效用函数 u 的大小来判断展望集 IP 的优劣,即决策后果的优劣.在不确定性决策的经典理论中,不但基于展望集的概念,

定义了效用函数,而且根据展望集 IP 上优先关系"$>$"所满足的公理,进一步给出:决策者采取某个行动的展望 P 的效用函数 $u(p)$ 等于采取该行动出现的各种后果($c_1, c_2, \cdots,$ c_r)的效用 $u(c_i)$ 的期望值,即

$$\bar{u}(p) = \sum_{i=1}^{r} p_i u(c_i) \tag{4.13}$$

此式表明,在不确定性决策问题中,可用期望效用函数 $\bar{u}(p)$ 的极大化,作为决策者行动方案的决策准则.综上所述,在不确定性决策的经典理论中,在展望集概念和公理的基础上,定义了效用函数 u 及其期望效用函数 $\bar{u}(p)$,用以评价各种可能行动后果及其统计性质.

4.3.1　不确定性决策问题量子价值算符构造方法

不确定性决策的后果是一种可观测量,利用量子算符表示量子系统的可观测量是量子理论的基本思想之一.在 4.2 节阐述的不确定性决策问题的量子态表示基础上,本小节我们进一步阐述利用量子算符的思想和方法,构建定量表达不确定性决策后果的量子理论,其中包括如下两方面内容:

(1) 我们利用混合态密度算符定义量子价值算符 $\hat{V}$,即

$$\hat{V} = \sum_j p_j |a_j\rangle\langle a_j| \tag{4.14}$$

其中

$$p_j = |u_j|^2 \tag{4.15}$$

p_j 是决策者选取行动 a_j 的主观概率,它表达了在单一事件中决策者的信念.

(2) 我们利用量子理论中量子算符平均值公式,给出了量子价值算符 $\hat{V}$ 的平均值 $\langle \hat{V} \rangle$ 的表达式

$$\begin{aligned}
\langle \hat{V} \rangle &= \langle \psi | \hat{V} | \psi \rangle \\
&= \sum_j p_j \sum_i |c_i|^2 |\langle a_j | q_i \rangle|^2 \\
&= \sum_j p_j \sum_i \omega_i V_{ji}
\end{aligned} \tag{4.16}$$

其中

$$\omega_i = |c_i|^2 \tag{4.17}$$

ω_i 是自然状态处于 q_i 的客观频率,它表达了客观状态多次发生的统计结果.

$$V_{ji} = |\langle a_j \mid q_i \rangle|^2 \tag{4.18}$$

V_{ji} 是决策者采取行动 a_j 和自然状态处于 q_i 时进行决策所观测到的决策结果的取值,即决策结果的取值 V_{ji} 是由决策者的主观信念和客观自然状态共同决定的.我们称量子价值算符 $\hat{V}$ 的平均值 $\langle \hat{V} \rangle$ 为量子价值期望值.

例如,在金融市场中,量子价值算符 $\hat{V}$ 可表达为

$$\hat{V} = p_1 \langle a_1 \mid a_1 \rangle + p_2 \langle a_2 \mid a_2 \rangle \tag{4.19}$$

其中,$|a_1\rangle$ 表示交易者采取"买"的策略,$|a_2\rangle$ 表示交易者采取"卖"的策略,p_1 表示交易者采取"买"策略的主观概率,p_2 表示交易者采取"卖"策略的主观概率.量子价值期望值 $\langle \hat{V} \rangle$ 可表达为

$$\begin{aligned} \langle \hat{V} \rangle &= \sum_j p_j \sum_i \omega_i V_{ij} \\ &= (2p - 1)(2\omega - 1)V \end{aligned} \tag{4.20}$$

其中,p 表示交易者采取"买"策略时的主观概率,ω 表示金融市场处于价格上涨状态时的客观频率,V 表示金融市场开盘价与收盘价的差的绝对值.按照金融市场量子价值期望值 $\langle \hat{V} \rangle$ 的取值,可把金融市场运行情况区分为如下 3 种类型:

(1) 完全确定性金融市场

$$(p = \omega = 1 \parallel p = \omega = 0) \rightarrow (\langle \hat{V} \rangle = V)$$

$$(p = 1, \omega = 0 \parallel p = 0, \omega = 1) \rightarrow (\langle \hat{V} \rangle = -V)$$

(2) 完全不确定性金融市场

$$\left(p = \omega = \frac{1}{2}\right) \rightarrow (\langle \hat{V} \rangle = 0)$$

(3) 真实金融市场

$$(0 \leqslant p \leqslant 1, 0 \leqslant \omega \leqslant 1) \rightarrow (-V \leqslant \langle \hat{V} \rangle \leqslant V)$$

这些结果表明,真实的金融市场的量子价值期望值 $\langle \hat{V} \rangle$ 处在 $(-V, V)$,其他完全确定性和完全不确定性金融市场是金融市场的两种极端的运行情况.

4.3.2 不确定性决策问题量子价值算符的意义和作用

不确定性决策的量子价值算符理论是对不确定性决策的经典理论的完善和发展,主要表现在如下两个方面:

1. 量子价值算符 $\hat{V}$ 的性质和作用

量子密度算符 $\hat{\rho}$ 本质是一种投影算符,通过它可以把不确定性决策问题的状态空间和策略空间关联在一起,形成一个统一整体,共同决定了决策结果.在不确定性决策的量子理论中,我们利用波函数统一描述了不确定性决策问题的状态空间和策略空间,它们都属于希尔伯特空间,具有相同的数学性质,但有不同的物理内涵:状态空间由基矢 $(q_1, q_2, \cdots, q_n)$ 构成,策略空间由基矢 $(a_1, a_2, \cdots, a_m)$ 构成.

纯态量子密度算符 $\hat{\rho} = |a_j\rangle\langle a_j|$ 作用于基矢 $|q_i\rangle$ 上的本征方程为

$$\hat{\rho}\,|q_i\rangle = |a_j\rangle\langle a_j \mid q_i\rangle$$
$$= \langle a_j \mid q_i\rangle\,|a_j\rangle \qquad (4.21)$$

它的本征值 $\langle a_j | q_i \rangle$ 与量子决策矩阵元 V_{ji} 之间存在如下的关系:

$$V_{ji} = |\langle a_j \mid q_i\rangle|^2 \qquad (4.22)$$

利用混合态量子密度算符 $\hat{\rho} = \sum_j p_j |a_j\rangle\langle a_j|$ 构建的量子价值算符 $\hat{V}$,可以充分表达策略空间的不确定性,因为 $p_j = |u_j|^2$ 是决策者选取行动 $(a_1, a_2, \cdots, a_m)$ 的概率分布.

利用量子理论中求量子算符平均值的方法,所得到的量子价值期望值 $\langle\hat{V}\rangle$ 由 3 个量 p_j,ω_i 和 V_{ji} 定量表达.其中,$V_{ji} = |\langle a_j | q_i\rangle|^2$ 是由状态空间基矢 $|q_i\rangle$ 和策略空间基矢 $|a_j\rangle$ 之间的内积所定义的量子决策矩阵的矩阵元,它定量表达了决策结果的实际价值;p_j 是决策者选取行动 a_j 的主观概率;ω_i 是自然状态处于 q_i 的客观概率.因此,式 (4.16) 所表达的物理意义是平均值 $\langle\hat{V}\rangle$ 由两次统计平均得到的,首先是对 V_{ji} 进行 ω_i 客观概率的统计平均,其次是对所得结果进一步进行 p_j 主观概率的统计平均.从而,量子价值期望值 $\langle\hat{V}\rangle$ 定量表达了主客观双重不确定性在不确定性决策过程中的共同作用的结果.

综上所述,基于量子价值算符的性质和作用,我们可以进一步构建出不确定性决策问题的量子决策表,如表 4.1 所示.

表 4.1　量子决策表

状态 策略		$\|q_1\rangle$	$\|q_2\rangle$	$\cdots$	$\|q_i\rangle$	$\cdots$	$\|q_n\rangle$
$\|a_1\rangle$	p_1	V_{11}	V_{12}	$\cdots$	V_{1i}	$\cdots$	V_{1n}
$\|a_2\rangle$	p_2	V_{21}	V_{22}	$\cdots$	V_{2i}	$\cdots$	V_{2n}
$\vdots$	$\vdots$	$\vdots$	$\vdots$		$\vdots$		$\vdots$
$\|a_j\rangle$	p_j	V_{j1}	V_{j2}	$\cdots$	V_{ji}	$\cdots$	V_{jn}
$\vdots$	$\vdots$	$\vdots$	$\vdots$		$\vdots$		$\vdots$
$\|a_m\rangle$	p_m	V_{m1}	V_{m2}	$\cdots$	V_{mi}	$\cdots$	V_{mn}

其中

$$V_{ji} = |\langle a_j | q_i \rangle|^2$$
$$p_j = |u_j|^2$$
$$\omega_i = |c_i|^2$$

由此可见,我们利用量子价值算符 $\hat{V}$,可把不确定性决策问题的经典决策表,进行量子化.量子决策表 4.1 中所给出的信息,不但比经典决策表要充分,而且所有参量 p_j 和 ω_i,以及价值函数 V_{ji} 都可以基于量子波函数给出其定量表达式,因此,它对不确定性决策问题的结果进行了更加全面、客观的定量表达.显然,它是对不确定性决策问题的经典效用函数理论的完善和发展.

2. 不确定性决策问题的本质

不确定性决策问题的本质是决策者与环境之间的一种不确定性博弈.许多复杂而重大的不确定性的实际决策问题中,多个决策者共同参与决策过程,例如,在金融市场的证券价格的决策过程中,每个金融市场参与者单独的"买"与"卖"的交易操作,并不能决定证券的市场价格,而是所有市场参与者之间的复杂的竞争与合作的博弈过程,最终决定了市场价格.因此,多个决策者参与的不确定决策问题实质上是决策者之间和决策者与环境之间的双重的不确定性博弈问题.

博弈论的基本概念包含参与者、参与者的行动或策略、效用函数或支付函数和博弈结果等.在多人博弈中,可以定义在一个网络结构上,网络中的结点代表一个博弈参与者,任意两个结点可以相连或不相连,也可以是概率性的不确定性连接.连接的两个结点进行双人博弈,可以用双人支付或效用矩阵表达.若两个结点间没有连接,则它们之间不存在博弈关系.若博弈参与者在其参与的所有博弈中都采取同一个策略,则其最终的效用是这些博弈效用的总和.通常把这种类型的多人博弈,称为结构化的多人博弈或多矩阵博弈.

利用我们所构建的不确定性决策问题的量子价值算符理论,不但可以定量表达单个决策者与决策环境之间的不确定性决策结果,而且也可以推广到决策者与决策者之间的不确定性博弈问题中,定量表达其博弈结果,即把博弈支付矩阵量子化,构建出量子博弈表.基于量子决策表和量子博弈表所给出的信息,以及多人决策网络结构的具体形式,原则上可以进一步构建多人不确定性决策问题的量子理论,它可以完善和发展在多人不确定性决策的经典理论中定量表达决策结果的效用函数理论.

4.4　不确定性决策问题的量子决策树

一般来说,不确定性决策问题可以形式化表达为由状态空间 $Q = \{q_1, q_2, \cdots, q_n\}$,策略空间 $S = \{a_1, a_2, \cdots, a_m\}$,效用函数 u,初始状态 q_0 和目标状态 q_g 所构成的五元组 (Q, S, u, q_0, q_g),其中效用函数 u 可用不确定性决策矩阵 V 表示,其矩阵元 $V_{ji} = u(a_j, q_i)$.不确定性决策过程就是在效用函数 u 的导引下,在状态空间 Q 中,寻求从初始状态 q_0 到目标状态 q_g 的最优路径问题,或者说,求出由 q_0 到 q_g 的有序策略集合 $A_r = \{a_1, a_2, \cdots, a_r\}$.通常可把所求得的这个有序策略集合表达为一个树状结构形式,简称为决策树.显然,这个决策树的具体含义取决于不确定性决策的实际问题的特性,例如,它可以是为完成某项工作所需采取的一系列行动;为求解一个数学问题所需要运用的一系列相关运算;为解决一个复杂问题所需要采取的一系列方案等.

4.4.1　量子决策树的构造方法

量子决策树是由运算符 F 和数据集 T 复合而成的,其中,运算符 F 包括

$$F = \left\{ \begin{array}{l} + (加法), * (乘法) \\ 布尔逻辑运算:AND, OR(\|), Not \end{array} \right\} \tag{4.23}$$

数据集 T 是由基本的量子门组成的,即

$$T = \begin{cases} H = \frac{1}{\sqrt{2}}\begin{bmatrix} 1 & 1 \\ 1 & -1 \end{bmatrix}, X = \begin{bmatrix} 0 & 1 \\ 1 & 0 \end{bmatrix}, Y = \begin{bmatrix} 0 & -1 \\ 1 & 0 \end{bmatrix} \\ Z = \begin{bmatrix} 1 & 0 \\ 0 & -1 \end{bmatrix}, S = \begin{bmatrix} 1 & 0 \\ 0 & 1 \end{bmatrix}, D = \begin{bmatrix} 0 & 1 \\ -1 & 0 \end{bmatrix} \\ T = \begin{bmatrix} 1 & 0 \\ 0 & e^{i\frac{\pi}{4}} \end{bmatrix}, I = \begin{bmatrix} 1 & 0 \\ 0 & 1 \end{bmatrix} \end{cases} \tag{4.24}$$

如在第 3 章所述,这些基本的量子门可构成量子通用门,它们是量子计算中最基本的量子门.

在量子决策树中有两类结点:叶结点和非叶结点.叶结点是由数据集 T 中的量子门组成的,而非叶结点是由运算符 F 中的运算符号组成的.量子决策树的构造过程是:首先,从运算符 F 任意选择一个运算符号作为树根;其次,按照此树根运算符的运算规则,生长出相应数量的分枝;然后,在每个分枝处再从运算符 F 中取出另一个运算符号,再按照所取运算符号的运算规则,进一步分枝,如此不断生长,直到到达叶结点,终止生长.在图 4.1 中,给出了如此生长的量子决策树的示意图.

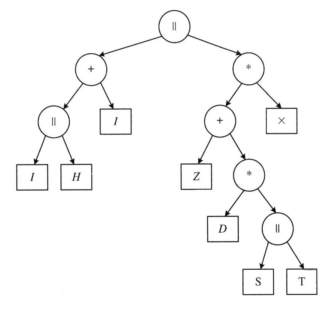

图 4.1 量子决策树示意图

4.4.2　量子决策树的基本性质

一般来说,在量子决策问题中,从初始量子态 $|q_0\rangle$ 到目标量子态 $|q_g\rangle$ 的有序策略集合是由量子门操作构成的.这些量子门在决策过程中,按照层次化和结构化的方式,对量子态所承载的信息进行加工处理.因此,量子决策树的本质是不确定性决策问题的计算程序.不确定性决策与确定性决策和统计决策相比,具有更丰富而复杂的性质,已不再可能表达为动力学方程的形式,而是表达为一种量子算法的形式,即量子决策树是不确定性决策问题的规律或规则的一种表达形式.

4.4.3　量子决策树的作用

在不确定性决策的经典理论中,利用求效用函数极值的方法,从各种可行方案中进行选择,以确定决策结果.由于不确定性决策过程本质上是不完全信息的流动和再生的动态过程,以及决策者与环境之间的关联是适应性关系,这种适应性是通过决策者的学习过程来实现的,因此,不确定性决策过程具有自组织、自适应和自学的演化特性.

遗传算法是借鉴生物系统进化原理而发展起来的求解复杂问题的智能算法,它是具有自组织、自适应和自学特性的一种随机优化算法.遗传编码发展了遗传算法,在遗传编码中使用了树结构编码个体.利用这种具有层次性和结构化的树结构编码方法,求解复杂的实际问题的过程,等价于在可能的计算机程序空间中进行搜索,以找到适应性最好的计算机程序的过程.我们把量子理论与遗传编码算法相结合,利用量子决策树编码遗传编码中的个体,构建了量子遗传编码算法,它是不确定性决策问题的一种新的选择方法,从而发展了不确定性决策理论.

4.5　小结

无论是在日常生活中,还是在自然科学和社会科学的研究中,所面临的基本问题就是如何在信息不完全等不确定性条件下,做出符合目标要求的决策.构建不确定性决策

不确定性决策的量子理论与算法
Quantum Theory and Algorithms for Uncertain Decision-Making

理论的核心问题:如何把决策环境的客观不确定性与决策者认知过程的主观不确定性,构成一个统一的整体,增强决策过程的客观性和决策结果的可靠性.我们在本章中所阐述不确定性决策的量子理论和第 5 章将要阐述的量子遗传编程算法,就是为实现这一目标所做的一种尝试.

我们利用量子态波函数统一描述了不确定性决策问题中的状态空间和策略空间,利用量子价值算符及其期望值定量表达了由决策环境和决策者共同决定的决策结果的价值或效应,利用量子决策树定量表达不确定性决策过程的规律或规则,利用量子遗传编程算法构建了进化选择方法,这些概念和方法构成了一个完整的自洽的理论体系.可以从原始数据出发,得到客观可靠的决策结果.

通过构建不确定性决策的量子理论和算法的工作,我们有如下一些体会:

(1) 不确定性是客观世界的基本属性,量子理论所揭示的微观世界所具有的量子不确定性,描述了客观世界深层次的不确定性.因此,可以利用量子不确定性统一表达决策环境的不确定性和决策者认知过程的不确定性.

(2) 量子理论在描述微观量子系统中所形成的基本思想和方法,外延为描述介观和宏观复杂系统的新的思想和数学工具,也就是说,量子理论的基本思想和方法,已成为新的科学思想和具有普适性的数学物理方法.当我们利用量子理论的基本思想和方法,构建不确定性决策问题的量子理论和算法时,并不是从本体论出发,认为不确定性决策系统具有量子系统的性质,而是从认识论和方法论出发,认为量子理论所给出的新的科学思想和数学工具,可以成为完善和发展不确定性决策理论的一个新的生长点.

(3) 量子逻辑是一种新型的辩证逻辑,它属于不确定性逻辑,利用量子逻辑思维方法,构建不确定性决策问题的命题和推理方法,是构建复杂的逻辑自洽的不确定性决策理论的基础.

(4) 不确定性决策过程是一个不完全信息流动和再生的动态进化过程,因此,将量子理论与遗传编程算法相结合,有助于深化不确定性决策的动力学机制和建立智能的选择方法,在发展不确定性理论中将会发挥重大作用.

第 5 章

量子遗传编程算法

5.1 引言

1975 年美国密西根大学的约翰·霍兰德出版的《自然和人工系统的适应性》一书中，首次提出"遗传算法"的概念. 遗传算法是借鉴生物进化原理而发展起来的求解复杂问题的方法，它是生物学与计算机科学相结合的产物. 生物进化过程是一个优化过程，它通过自然选择、基因遗传和突然变异等进化机制，产生出适合环境变化的具有更强大生存能力的优良物种. 遗传算法在求解问题时采用的基本方法是从选定的一组初始解出发，通过不断迭代计算逐步改进当前解，直到最后搜索到问题的最优解或满意解. 在迭代计算过程中，采用了模拟生物进化的选择、交叉和变异的机制. 因此，遗传算法本质上是一种随机优化算法.

遗传算法求解实际问题时,需要完成两方面的工作:问题的规范表述和迭代计算.问题的规范表述是指对实际问题涉及的对象、性能和参量等进行表述,以便适应迭代计算过程所需要的规范形式,其中包括如下内容:

(1) 确定可行解的编码表示方法.

(2) 确定适应性度量方法.

(3) 设计遗传算子及其操作方法.

(4) 设定控制参数及其取值.

(5) 设定结束运算的条件.

一旦这些准备工作都已完成,就可以执行迭代计算.遗传算法中迭代计算的重要步骤如下:

(1) 产生一组实际问题的可行解作为初始群体.

(2) 计算群体中每个个体的适应值,作为可行解质量的评价.

(3) 运用选择、交叉和变异等遗传算子作用于群体,优化产生下一代群体.

(4) 判断新形成的群体是否满足实际问题的目标要求,或者是否已完成了预先确定的迭代次数等终止条件,若不满足则返回第 2 步.如此不断迭代计算,直至得到满足实际问题的目标要求的解为止.

1989 年,Koza 提出了一种树形结构化编码方法,扩大了遗传算法的应用范围,通常把这种新的遗传算法称为遗传编程.在计算机科学中,计算机程序可表示为一种树状结构的形式.因此,Koza 提出来的遗传编程算法,实质上是用具有层次性和结构化的计算机程序作为个体,进行编码表示的方法.利用这种编码方法求解复杂的实际问题的过程,等价于在可能的计算机程序空间进行搜索以找到适应性最好的计算机程序的过程.由此可以看到,Koza 是基于遗传算法的基本原理,发展出一种求解复杂问题的计算机程序的自动设计方法,因此,也可把遗传编程算法称为遗传程序设计算法.

我们以不确定性决策问题为具体对象,把量子理论的基本思想和方法与遗传编程算法相结合,构建了一种量子遗传编程算法.在本章中,我们着重阐述量子遗传编程算法的重要内容:量子编码表示方法、量子适应性度量方法、量子遗传算子和量子遗传编程算法的控制参数.

5.2 量子编码表示方法

利用量子遗传编程算法求解不确定性决策问题时,必须把不确定性决策的实际问题,转化为适合量子遗传编程算法运行的形式,这种转化叫作编码,所给出的具体形式叫作编码表示.

在经典遗传算法中,把实际问题的各种可行解定义为个体,通过编码可以把个体表示为字符串的形式.字符串由一系列的字符组成,每个字符都有特定的含义,表达所求解问题的某种特性或变量.按照生物学术语,字符串相当于染色体,每个字符相当于基因.二进制编码表示是最基础的编码表示,字符串中的每个字符只有 0 或 1 两个数字.利用经典遗传算法求解问题时,通常把所有可行解的集合称为个体空间或问题空间.通过编码得到的所有个体编码表示所构成的集合,称为编码空间.因此,编码过程可定义为由问题空间向编码空间的映射.这种映射必须满足的基本原则是问题空间的点(可行解)与编码空间相应的点(字符串表示)存在着相互对应关系.

5.2.1 量子遗传算法的不确定性编码方法

在量子遗传算法中,使用量子比特的编码表示方法.一般来说,在量子遗传算法中,每个个体可用 m 个量子比特位进行编码.由于一个量子比特的状态波函数 $|\psi\rangle$ 可表示为

$$|\psi\rangle = \alpha |0\rangle + \beta |1\rangle$$

则用 m 个量子比特位进行编码时,可用 m 对复数 α 和 β 来表示一个个体 q,即

$$q = \begin{bmatrix} \alpha_1, \alpha_2, \cdots, \alpha_m \\ \beta_1, \beta_2, \cdots, \beta_m \end{bmatrix} \tag{5.1}$$

其中

$$|\alpha_i|^2 + |\beta_i|^2 = 1, \quad i = 1, 2, \cdots, m \tag{5.2}$$

利用一个 m 量子比特位编码个体 q,不仅可以表示 2^m 个基态的信息,而且可以同时表示由此 2^m 个基态线性叠加所给出的任意状态的信息.因此,量子比特编码与经典字符串编

不确定性决策的量子理论与算法
Quantum Theory and Algorithms for Uncertain Decision-Making

码相比,有强大的信息容量,从而对于要求解的相同的实际问题而言,量子遗传算法所采用的种群规模比经典遗传算法小很多.另外,无论是经典的遗传算法,还是经典的遗传编程算法,在个体编码中都使用确定性的数字和符号,而在量子遗传算法中,采用量子比特位编码时,使用概率幅(α_i, β_i)或量子概率,是一种不确定性的编码方法.例如,若2个量子比特位编码个体 q 的取值为

$$q = \begin{bmatrix} \dfrac{1}{\sqrt{2}} & \dfrac{1}{2} \\ \dfrac{1}{\sqrt{2}} & \dfrac{\sqrt{3}}{2} \end{bmatrix}$$

它所具有的 4 个基态:$|00\rangle, |01\rangle, |10\rangle$ 和 $|11\rangle$,则由这 4 个基态所构成的叠加态 $|\psi\rangle$ 为

$$|\psi\rangle = \frac{1}{2\sqrt{2}}|00\rangle + \frac{1}{2\sqrt{2}}|01\rangle + \frac{\sqrt{3}}{2\sqrt{2}}|10\rangle + \frac{\sqrt{3}}{2\sqrt{2}}|11\rangle$$

此式表明:仅用 1 个双量子比特位编码的个体,就可以表达 4 个基态及其叠加态的信息,其中处于 $|00\rangle, |01\rangle, |10\rangle$ 和 $|11\rangle$ 基态的概率分别为 $\dfrac{1}{8}, \dfrac{1}{8}, \dfrac{3}{8}$ 和 $\dfrac{3}{8}$,而在经典的遗传算法中,要表达同样的信息,至少需要 4 个个体:$(00), (01), (10), (11)$.

5.2.2 量子遗传编程算法的编码方法

在不确定性决策问题的量子遗传编程算法中,一个种群 Q 可由 n 个个体组成,即

$$Q = \{q_1, q_2, \cdots, q_n\} \tag{5.3}$$

其中,每个个体 q_i,可由量子决策树进行编码表示.在量子遗传编程的编码方法设计中,包括如下两方面的工作:

(1) 要确定满足实际问题要求的运算集 F 和数据集 T,其中,运算集 F 如式(4.23)所示,数据集 T 如式(4.24)所示,不再重述.运算集 F 和数据集 T 的选择应使其满足闭合性和充分性.闭合性是指运算集 F 中任一运算返回的任意值和数据类型,以及数据集 T 中任一叶结点的任意假定值和数据类型,都能作为运算中每个运算的自变量.充分性是指运算集 F 和数据集 T 的组合,可以保证提供表示实际问题的可行解.

(2) 在确定满足实际问题需要的运算集 F 和数据集 T 以后,就要利用随机方法,生成量子遗传编程算法中初始种群中个体的结构,即量子决策树的初始结构,其生成方法

如 4.4 节中"量子决策树的构造方法"所述. 在 $x = 0$ 时, 量子遗传编程算法的初始种群 $Q^{(0)}$ 可表达为

$$Q^{(0)} = \{ q_1^{(0)}, q_2^{(0)}, \cdots, q_n^{(0)} \} \tag{5.4}$$

量子遗传编程算法的树状结构的编码表示, 与经典遗传算法固定长度的字符串和量子遗传算法固定长度的量子比特位编码表示相比较, 具有如下特点或优势: 树状结构化的编码在算法运行过程中, 它的大小和形状都可以动态改变. 因此, 量子遗传编程算法适于求解层次化和结构化的复杂问题, 即它具有更强大的功能和更广泛的应用领域.

5.3　量子适应性度量方法

系统结构在环境作用下不断发生的改变, 称为系统对环境的适应性. 在不确定性决策问题中, 决策者在环境作用下, 其认知结构不断发生的改变, 称为决策者对环境的适应性. 环境使决策者认知结构发生改变的方式, 称为适应策略或决策策略. 在特定的环境 (Q) 下, 不同的决策者 (A) 可表现出不同的适应性. 适应性的程度可利用适应性函数 $f_Q(A)$ 来度量. 利用具体形式适应函数 $f_Q(A)$ 计算出来的适应值是决策者对于环境适应程度的绝对度量. 在不确定性决策的经典理论中, 利用效用函数 u 表达其适应函数, 例如, 在经营决策问题中, 利用盈利值来评估每个经营决策的效用.

无论是在遗传算法还是在遗传编程算法中, 适应值是用来评估群体中个体质量的标准, 是进行自然选择的唯一依据. 因此, 它是遗传算法和遗传编程算法运行过程中的驱动力, 在不确定性决策问题中, 适应值也起到相同的作用: 它是评价每个决策方案质量的标准, 是决策过程演化的驱动力. 因此, 利用遗传编程算法求解不确定性决策问题时, 构建适应性的度量方法是非常关键的工作.

适应函数 $f_Q(A)$ 的具体形式或适应值的计算方法, 与所求解的实际问题的性质密切相关. 因此, 在构建适应性度量方法时, 首先要从求解实际问题的性质出发, 给出适应性的具体含义, 然后才能建立起对实际问题可行解质量的具体评估方法. 在我们所构建的不确定性决策问题的量子遗传编程算法中, 是以不确定性金融市场为具体对象的, 基于4.3 节中所阐述的不确定性决策问题的量子价值算符理论, 构建出量子适应性的度量方法.

5.3.1　不确定性决策问题的量子适应性度量方法

若环境状态空间 $Q = \{\,|\,q_1\rangle,\,|\,q_2\rangle,\cdots,\,|\,q_n\rangle\,\}$，决策者的策略空间 $A = \{\,|\,a_1\rangle,$ $|\,a_2\rangle,\cdots,\,|\,a_m\rangle\,\}$，量子适应函数 $f_Q(A)$ 具有如下表达形式：

$$f_Q(A) = \beta \left(\sum_{K=0}^{N} \langle V_K \rangle \right) \left(\frac{\max_r[V_K]}{\max_l[V_K]} \right) \tag{5.5}$$

其中

$$\langle V_K \rangle = p_i \omega_j \langle q_i \,|\, A_i \,|\, q_j \rangle = p_i \omega_j \,|\, \langle a_i \,|\, q_j \rangle \,|^2 = P_i \omega_j V_{ij} \tag{5.6}$$

$$A_i = |\,a_i\rangle\langle a_i\,| \tag{5.7}$$

$$\langle q_i \,|\, A_i \,|\, q_j \rangle = \langle q_i \,|\, a_i \rangle\langle a_i \,|\, q_j \rangle = |\,\langle a_i \,|\, q_j \rangle\,|^2 = V_{ij} \tag{5.8}$$

$\max_r[V_K]$ 是最大的盈利，$\max_l[V_K]$ 是最大的损失，β 是胜率.

5.3.2　量子适应函数表达式的物理意义

量子适应函数 $f_Q(A)$ 的表达式(5.5)的物理意义如下：

（1）如 4.3 节所述：$p_i = |\,\mu_i\,|^2$ 和 $\omega_j = |\,c_j\,|^2$，它们分别表示决策者选取行动 a_i 的主观概率和环境状态处于 q_j 的客观概率，而且 V_{ij} 是决策者采取行动 $|\,a_i\rangle$ 和环境状态处于 $|\,q_j\rangle$ 时，进行决策所观测到的决策结果的取值.因此，$p_i\omega_j$ 表达了决策结果 V_{ij} 的联合概率分布，则 $\sum_{K=0}^{N} \langle V_K \rangle$ 就是决策结果 V_{ij} 对联合概率分布的统计平均值.从而表明：量子适应函数 $f_Q(A)$ 反映了决策结果的效用是与决策者的主观不确定性和环境客观不确定性共同相关的统计规律性.

（2）$\max_r[V_K]$ 和 $\max_l[V_K]$ 是决策结果的两个极端值，它限定决策结果不确定性的取值范围，显然，决策结果不确定性愈大，其适应性愈强.因此，在式(5.5)中的因子 $\dfrac{\max_r[V_K]}{\max_l[V_K]}$ 是用来表达决策结果的适应性的因子之一.

（3）β 是胜率，显然胜率愈高，决策结果的效用愈好.

（4）由于 V_{ij} 是量子决策表中决策矩阵的元素，它可以作为已知的观测数据处理.利用量子遗传编程算法求解不确定性决策问题时，实际上就是基于不确定性决策问题的已有历史数据,挖掘出不确定性决策的规律或规则.

5.4　量子遗传算子

量子遗传编程算法利用各种遗传算子产生新一代的群体,从而实现群体的进化.量子遗传算子的设计是量子遗传编程算法的重要组成部分.它们的作用是调整和控制进化过程的基本手段.模拟生物进化过程中繁殖、杂交和变异现象,量子遗传算子包括3种基本形式:选择(或称复制)、交叉(或称重组)和变异算子.

5.4.1　量子选择算子

量子选择算子的作用是从当前的群体中选择量子适应值高的个体,复制到下一代群体中,量子选择算子可起到进化作用.在不确定性决策问题中,我们把量子决策树作为个体,就是在量子决策树的结构不发生任何改变的情况下,将量子适应值高的个体保留到下一代群体中.

适应值比例选择方法是最基本的选择方法,在这种方法中,先计算出每个量子决策树个体的适应值,然后计算出此适应值在群体适应值总和中所占的比例,把所得到的每个量子决策树个体的适应值的相对比例,称为入选概率,作为量子选择算子的标准.若 $f[A_i(t)]$ 是量子决策树个体 $A_i(t)$ 在 t 代的量子适应值,则其入选概率 $P_s[A_i(t)]$ 可表达为

$$P_s[A_i(t)] = \frac{f[A_i(t)]}{\sum\limits_{j=1}^{N} f[A_j(t)]} \tag{5.9}$$

其中,N 是 t 代群体中量子决策树个体的数目.计算完入选概率后,淘汰入选概率最小的量子决策树个体,并将入选概率最高的量子决策树个体补入群中,从而得到与原群体大小相同的新一代群体.在量子选择算子作用后所形成的新一代群体的平均量子适应值增加了,表明量子选择算子起到了进化作用.

不确定性决策的量子理论与算法
Quantum Theory and Algorithms for Uncertain Decision-Making

5.4.2 量子交叉算子

在生物进化过程中,交叉操作是将一对染色体上对应的基因段进行交换(或称作基因重组),得到一对新的染色体,其作用是将原有染色体中的优良基因遗传给下一代染色体,生成包含更复杂基因结构的染色体.在量子遗传编程算法中的量子交叉算子具有同样的作用.

一般来说,在设计量子交叉算子时,可按如下步骤进行:从经过量子选择算子作用后得到的新的群体中,随机地选出一对量子决策树个体,以使其进行交叉操作;在对已选出的一对量子决策树进行交叉操作时,是在每个量子决策树中选定的相应的子树进行相互交换,如图 5.1 中虚线所示的部分,从而得到交叉操作后的两个新的量子决策树.

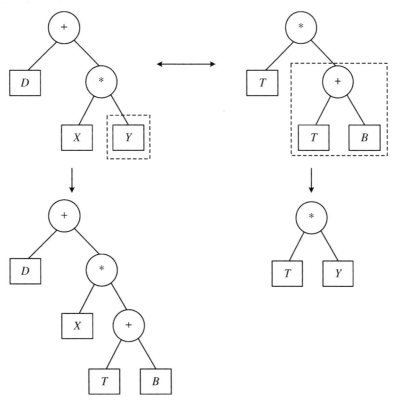

图 5.1　量子交叉操作示意图

由此可见,量子选择算子只是把群体中已有的最优良的量子决策树个体选取出来,留给下一代群体,而量子交叉算子却可以产生出新的更优良量子决策树个体,从而丰富群体的多样性并起到进化的双重作用,也就是说,如果双亲量子决策树个体在求解不确定性决策问题时较为有效,那么它们的量子决策树某些子树部分很可能有重要的价值,这些有价值的子树部分随机地交换,就可能获得具有更高适应值的量子决策树个体,从而产生了对量子决策树的进化作用.

5.4.3 量子变异算子

变异算子是模拟生物进化过程中染色体上某位基因发生突变的现象,从而改变染色体的结构和形状.在经典的遗传算法中,变异算子改变了字符串编码表示中的某个字符或某个字符段,从而改变了可行解个体编码表示的具体结构和性质.显然,变异算子的作用是产生新的个体和增加群体的多样性.在量子遗传编程算法中,量子变异算子也具有相同的作用.

在量子遗传编程算法中,量子变异算子的设计方法:在量子决策树个体上,随机地选取一个结点作为变异点,此变异点可以是量子决策树的内结点(即运算符),也可以是叶结点(即量子门);然后删除掉变异点和变异点以下量子决策树的子树部分,可将随机方式产生的一棵新子树插入到该变异点处,从而形成一根新的量子决策树个体.具体的设计方法有如下 5 种类型:

(1) 运算符结点变异算子:在原始量子决策树上,随机地选取一个非叶结点,将其替换为运算集 F 中选出的有相同元素的运算符.

(2) 叶结点变异算子:随机地选取一个叶结点,从数据集 T 中选取一个新的量子门,对其进行替换.

(3) 交换变异算子:随机地选取一个运算符结点,交换该结点所分枝的子树的位置.

(4) 生长变异算子:随机选择的叶结点为随机产生的一棵子树所替代.

(5) 裁剪变异算子:随机地选择一个运算符结点,用一个随机选取的数据集 T 中的量子门替换它,即对量子决策树实行了剪枝操作.

5.5 量子遗传编程算法的控制参数

在量子遗传编程算法运行过程中,存在着对性能产生重大影响的一组参数,它们需要进行合理的选择和控制,使量子遗传编程算法以最佳的搜索路径达到全局最优解.这组控制参数如下:

1. 初始群体的规模 N

量子遗传编程算法是在量子决策树群体上运行的,初始群体中的个体是随机产生的,或借助于不确定性决策问题域的知识确定的.初始群体中个体数目 N 越大,群体中个体的多样性越高,算法陷入局部解的危险性越小.但是,群体规模越大,计算量也越显著.另外,群体规模太小,算法的搜索空间受到限制,又可能发生过早收敛现象.因此,参数 N 要根据不确定决策问题的实际情况,适当取值.

2. 交叉概率 P_c

交叉概率 P_c 控制着量子交叉算子的使用频率.在每一代新的群体中,需要对 $P_c \times N$ 个个体进行交叉操作.交叉概率 P_c 越高,群体中新的个体的引入越快,同时优良个体被破坏得也越快.若交叉概率太低,则可能导致搜索停止不前.一般来说,选取 $P_c = 0.6$ 为宜.

3. 变异概率 P_m

变异操作是保持群体多样性的有效手段.交叉操作后新形成的群体中,全部量子决策树个体上的结点,都可按变异概率 P_m 而随机地改变.因此,变异概率 P_m 过高,可使量子遗传编程算法的搜索变成一般的随机搜索,而变异概率 P_m 太低,则群体的多样性过低.一般来说,选取 $P_m = 0.05 \sim 0.1$ 为宜.

4. 终止条件参数

在量子遗传编程算法中,量子遗传算子不断迭代执行,直到满足终止条件.最简单的终止条件可用两个参数表达:算法的迭代的数目、调用量子适应函数的次数.这两个参数取值不能太小,否则算法不会有充分时间搜索未知空间,然而参数取值过大,又会增大计算量.

　　除了用上述两个参数限制执行时间之外,还可以用群体是否收敛来作为终止条件.例如,当连续几代内,最优量子决策树个体的适应值都没有显著提高,变得较为稳定时,即可停止运算.

　　实际上,上述控制参数的选取与求解的实际问题的类型有直接关系,不存在一组适用于所有问题的最佳参数.因此,利用量子遗传编程算法求解不确定性决策问题时,结合实际问题的性质,对控制参数的设定是提高量子遗传编程算法的性能的重要问题.

5.6　量子基因表达式编程算法

　　2001 年葡萄牙学者坎迪达·费雷拉(Camdida Ferreira)在遗传算法(GA)和遗传编程算法(GP)的基础上,提出了基因表达式编程算法(Gene Expression Programming,简称 GEP).在遗传算法中,个体被编码为固定长度的字符串,有利于进行交叉和变异等遗传操作,但其功能较简单,不利于求解层次性和结构化的复杂问题.在遗传编程算法中,个体被编码为大小和形状不同的树,具有较强的功能,能求解较为复杂的问题,但不利于进行遗传操作.在基因表达式编程算法中,个体首先被编码为固定长度的字符串,然后又把其转换成不同大小和形状的树结构.因此,GEP 具备了 GA 和 GP 的双重特性,既具有功能复杂性,又具有容易进行遗传操作的性质.由于 GEP 继承了 GA 和 GP 的优点,同时克服了 GA 和 GP 的弱点,因此成为遗传算法发展史上新的里程碑,极大地扩展了遗传算法的应用领域.我们把量子遗传编程算法与量子遗传算法相结合,构建了量子基因表达式编码算法(QGEP),将有助于扩展量子遗传编程算法(QGP)的应用领域.

5.6.1　量子基因编码方法

　　单个基因的编码是由运算集 F 和数据集 T 中选取的元素构成的字符串.单个基因由头部和尾部两部分组成,其中头部元素从 F 和 T 中选取,而尾部元素只能从 T 中选取.若用 h 表示头部长度,用 t 表示尾部长度,则基因长度 n 为

$$n = h + t \tag{5.10}$$

对于求解的实际问题而言,头部长度 h 是由实际问题给出的,而尾部的长度可由下式计算得到:

$$t = h \times (m - 1) + 1 \tag{5.11}$$

其中,m 是运算集 F 中单个运算符具有的最大参数.例如,对于运算符($+$,$*$,$\|$)具有最大参数 $m = 2$,将式(5.10)和式(5.11)合并,基因长度 n 可由下式计算得到:

$$n = h \times m + 1 \tag{5.12}$$

在生物学上,一个公开解读密码序列(ORF),或者基因编码的序列,开始于一个"起始"密码子,接着是一些氨基酸密码子,最后止于一个"终止"密码子.然而一个基因不仅仅包含各自的 ORF,还包含起始密码子之前的序列和终止密码子之后的序列.与此相类比,在 GEP 中的基因表达式就相当于生物学中基因序列的 ORF.现举例说明如下:考虑由 $\{\sqrt{\ }, *, /, +, -, a, b\}$ 构成的基因,若已知 $h = 10$,由于 $m = 2$,则由式(5.11)可计算出 $t = 11$,由式(5.12)计算出 $n = 21$,则可构成如图 5.2 所示的一个基因编码字符串.

```
0  1  2  3  4  5  6  7  8  9  0  1  2  3  4  5  6  7  8  9  0
+  √  -  /  b  *  a  a  √  b  a  a  b  a  a  b  b  a  a  a  b
```

图 5.2 基因编码字符串示意图

把此基因编码字符串的起始点第 0 位字符对应于表达式树的根,按照序遍历的方法,从上到下,从左到右,可构造出如图 5.3 所示的表达式树.由图 5.3 可以看到:表达式树终止于基因字符串的第 10 位,它可称为有效区编码,其余的字符串称为非编码区.显然,这个过程的逆过程,就可以把表达式转换为相应的基因符号串形式.

在 GEP 算法中,单个基因编码字符串有固定长度,但由其转换出来的表达式树的大小是可以变化的.一般来说,表达式树的大小可以与其编码字符串相等,也可以比基因字符串短,如图 5.3 所示的基因表达式树只包括基因字符串的前 10 个字符,而其余的 11 个字符组成非编码区.实际上,非编码区在 GEP 运行过程中发挥着重要的作用.尽管这些字符没有参与表达式树中体现基因功能的作用,但是它们可以参与整个遗传操作过程,使遗传操作后所得到的新的基因字符串始终满足实际问题可行解的要求,这是 GEP 比 GP 更加优越之处,因为在 GP 中没有非编码区域储备的字符的帮助,对程序树进行遗传操作后,所得到的新的程序树是否还有意义,亦不明确.

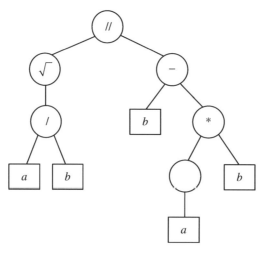

图 5.3　基因表达式树示意图

综上所述,在 GEP 的基因编码方法中,基因编码字符串相当于生物学中的基因型,而基因表达式树相当于生物学中的表现型,它体现基因的功能作用,非编码区域为 GEP 中遗传操作满足封闭性提供了保证. 在 GEP 的设计中,对基因尾部长度 t 用式(5.11)计算,也正是为了提供足够的非编码区域中字符串的数量,以保证遗传操作运行的封闭性.

我们阐述了经典基因表达式的编程算法的基本原理,只要我们用量子遗传编程算法中的运算集 F 和数据集 T 的元素,就可以构建出 QGEP 中基因编码的量子编码字符串和相应的量子基因表达式树.例如,若已知 $h=6$,由于 $m=2$,则 $t=7$ 和 $n=13$.从而可以构成如图 5.4 所示的量子基因编码字符串.把此量子基因编码字符串的起始点第 0 位字符对应于量子表达树的根,也按照由上到下、从左到右的遍历方法,可构造出如图 5.5 所示的量子表达式树.此量子表达式树终止于量子基因编码字符串的第 10 位,为有效编码区,其余的字符串为非编码区.

$$
\begin{array}{cccccccccccccc}
0 & 1 & 2 & 3 & 4 & 5 & 6 & 7 & 8 & 9 & 0 & 1 & 2 & 3 \\
* & + & \| & H & * & X & + & Y & Z & S & I & D & T & X
\end{array}
$$

图 5.4　量子基因编码字符串示意图

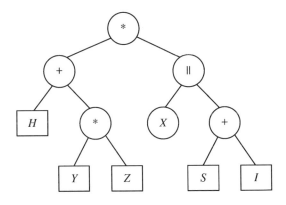

图 5.5　量子表达式树示意图

5.6.2　量子多基因编码方法

在 GEP 算符中,求解的实际问题若用上述单个基因编码方法,其基因编码字符串的长度太长,则 GEP 的搜索效率将很低,但是当基因字符串长度太短时,相应表达式树的复杂程度太低,其功能降低.为了解决这个矛盾,在 GEP 算符中引入了多基因编码方法,这些基因之间的关系可利用"+"或"*"等运算把它们相应的表达式树连接在一起,形成一个层次化的大小适中的表达式树.现举例说明如下:

若运算符 $F = \{+, -, *\}$,数据集 $T = \{a, b\}$,每个基因头部长度 $h = 3$,尾部长度 $t = 4$,基因长度 $n = 7$,则由 3 个等长 $n = 7$ 的基因可构成如图 5.6 所示的多基因编码的字符串.

```
0  1  2  3  4  5  6,  7  8  9  0  1  2  3,  4  5  6  7  8  9  0
+  -  a  b  a  a  b,  -  a  *  b  a  b  b,  *  a  b  a  a  b  a
```

图 5.6　多基因编码字符串示意图

图 5.6 中 3 个基因相应的表达式树如图 5.7(a),(b)和(c)所示,若采用"+"运算把这 3 个子树连接在一起,则所形成的多基因表达式树,如图 5.7(d)所示.若采用"*"运算把这 3 个子树连接在一起,则所形成的多基因表达式树,具有与图 5.7(d)相同的形式,只是把相关"+"用"*"替代.若采用"*"运算作为连接算法,实质上属于一种"因子分解"的作用,即将 3 个基因子树作为"因子",通过相乘构成多基因的表达式树,也就是说,把

143

多基因的表达式树分解为 3 个树因子.

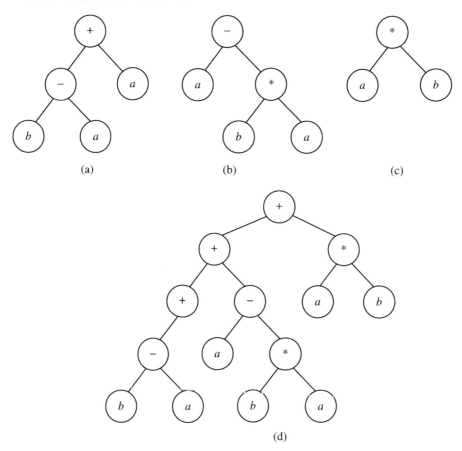

图 5.7　多基因表达式树示意图

在不同的基因之间的连接除了上例所述的"＋"或"＊"等简单的运算外,还可以用一定的程序来完成,现举例如下:若由 3 个长度为 7 的基因 g_1, g_2 和 g_3, 2 个长度为 9 的基因 c_1 和 c_2, 以及 1 个长度为 7 的基因 r, 构成 1 个嵌套结构多基因编码, 其字符串如图 5.8 所示.

1	2	3	4	5	6	7	1	2	3	4	5	6	7	1	2	3	4	5	6	7
*	−	*	a	X	b	Y	*	*	/	y	x	z	x	+	/	+	y	x	z	x
			g_1							g_2							g_3			

1	2	3	4	5	6	7	1	2	3	4	5	6	7	1	2	3	4	5	6	7
+	*	/	g_1	g_3	a	g_2	*	*	−	+	g_1	g_2	g_3	+	−	*	c_1	g_2	c_2	y
			c_1							c_2							r			

图 5.8　嵌套结构的多基因编码字符串示意图

其中,3 个长度为 7 的基因 g_1,g_2,g_3 相应的表达式树如图 5.9 所示.

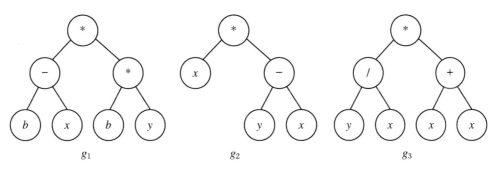

图 5.9　基因 g_1,g_2 和 g_3 的表达式树

基因 c_1 和 c_2 的表达式树如图 5.10 所示.

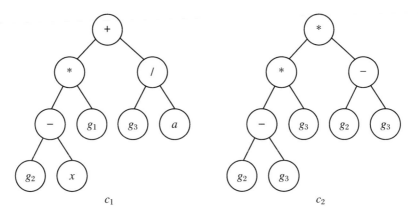

图 5.10　基因 c_1 和 c_2 的表达式树

基因 r 的表达式树如图 5.11 所示.

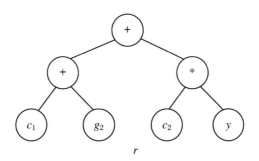

图 5.11　基因 r 的表达式树

由此例可以得到嵌套结构多基因编码方法具有如下特点：

（1）多基因编码的表达式树具有多层次的结构，在此例中有 3 个层次：最下层由 3 个基因 (g_1, g_2, g_3) 组成，中层由 2 个基因 (c_1, c_2) 组成，最上层由 1 个基因 r 组成.

（2）3 个层次间存在着由下到上逐层调用关系，即中层的表达式树 (c_1, c_2) 的叶结点中包含有下层的基因 (g_1, g_2, g_3)，而上层表达式树 r 的叶结点，既包含有下层的基因 g_2，又包含中层的基因 (c_1, c_2)，形成了嵌套的结构.

（3）不同基因之间的连接不是由"＋"或"＊"简单的运算，而是由一定程序来完成的. 若把最上层的表达式树看作一个主程序，则两个中层的表达式树可看作子程序.

由此例的这些特点可以看到，多基因编码方法可用来描述非常复杂层次嵌套的结构化的问题，有着强大的功能和很高的效率. 量子多基因编码方法与上述经典的多基因编码方法，具有相同的原理，只要从式(4.23)给出运算集合 $F = \{+, *, \|\}$ 中选取运算符，和从式(4.24)给出的数据 T 中的各种量子门中选取数据，就可以按照同样的方法构造出量子多基因编码的字符串和相应的层次化与嵌套化的量子表达式树，在此，就不用示例说明了.

5.6.3 量子基因表达式编程算法的特点

量子基因表达式编程算法是对量子遗传编程算法的完善和发展，它具有如下特点：

（1）在量子基因表达式编程算法（QGEP）中，同时具有固定长度字符串和表达式两种编码形式，不但提高了算法效率，而且强化了算法的功能，即遗传算法作用于字符串上，有利于提高效率，而利用表达式树有利于扩大和提高其功能. 两种编码形式之间有着对应关系，类似于生物学中的基因型和表现型之间的关系，只是从不同的角度描述事物的本质.

（2）在 QGEP 算法中，利用多基因编码方法与量子遗传编程算法（QGP）相比较，更加方便和有效地描述复杂且规模庞大的实际问题，也就是说，把非常庞大的树状结构分解为多层次的嵌套的子树结构，非常适合发展复杂计算机程序的自动生成技术.

（3）在 QGEP 算法中，扩大了传统遗传算法中的变异算子和交叉算子的形式，即在多基因编码方法中，引入更多的变异算子和交叉算子，促进了种群的多样性和进化能力的进一步提高.

5.7　小结

量子遗传编程算法作为一种随机优化算法与传统的优化算法相比,具有如下特点:

1. 智能式搜索

量子遗传编程算法的搜索策略,既不是盲目式的搜索,也不是穷举式的全面搜索,而是利用进化过程中所获得的量子适应值信息,自行组织搜索.这种自组织和自适应的特征,同时也赋予了它根据环境的变化自动发现环境特性的自学习能力.因此,自组织、自适应和自学习能力是量子遗传编程算法具有智能性的重要特征.

2. 并行式算法

量子遗传编程算法从初始量子决策树群体出发,经过选择、交叉和变异的量子遗传算子的操作,产生一组新的群体.每次迭代计算都是针对一组量子决策树同时进行的,而不是针对某个量子决策树个体进行的.由于采用这种并行计算机理,可以同时搜索解空间的多个领域,搜索速度很快,以较少的计算获得较好的效果.

3. 全局最优解

量子遗传编程算法利用交叉和变异操作,可以产生新的量子决策树个体,扩大搜索范围.另外,它能同时在解空间多个区域内搜索,并能以较大的概率跳出局部最优,从而可以搜索到全局最优解.

4. 不确定性优化算法

量子遗传编程算法除了内禀量子确定性外,在初始解生成,以及选择、交叉和变异进行操作过程中,均采用随机处理方法,使在算法运算过程中,事件发生与否,都具有很大的不确定性,因此,量子遗传编程算法非常适合求解不确定性决策问题.

5. 具有很强的稳健性(或称鲁棒性)

算法的稳健性是指在不同的条件和环境下,算法的适用性和有效性,量子遗传编程算法是利用个体的量子适应值推动群体的进化,而不管实际求解问题本身的结构特征.另外,此算法在求解问题时,直接处理的对象是量子决策树的编码空间,而不是问题空间本身.因此,算法的整个运行过程具有通用性.在本书中,我们以不确定性决策问题为具体对象,构建的量子遗传编程算法.显然,它也适用于各种层次化和结构化的复杂决策问题.

第 6 章

不确定性决策量子理论的进化算法及其应用

6.1 引言

我们生活在一个充满不确定性的世界里. 每时每刻我们都在不完备的信息下做出各种决策, 但对科学家来说大脑是如何做出各种决策的依旧是一个没有满意答案的谜. 意大利人古罗拉莫·卡尔达诺 (Gerolamo Cardano) 最早提出了概率的概念, 用它来描述一个事件发生的可能性有多大. 法国人布莱兹·帕斯卡尔 (Blaise Pascal) 和费马伯爵 (Pierre de Fermat) 花了几年的时间通过书信交流讨论了梅耶骑士 (Chevalier de Méré) 提出的关于赌博的问题, 并最终提出了一个期望价值决策理论, 即从所有的可能行动中, 选择具有最大期望价值的行动. 之后瑞士人雅各布·伯努利 (Jacob Bernoulli) 指出期望价值决策理论无法解释圣彼得堡悖论,正是为了解决圣彼得堡悖论,雅各布·伯努利的侄子丹尼尔·伯努利(Daniel Bernoulli)提出了期望效用决策理论.匈牙利人约翰·冯·诺依曼(John von Neumann)和德国人奥斯卡·摩根斯特恩(Oscar Morgenstern)公理化了客观期望效用决策理论,美国人伦纳德·吉米·萨维奇(Leonard Jimmie Savage)进一步公理化了主观期望效用决策理论.随后阿莱悖论和埃尔斯伯格悖论被提出,并指出客观期望效用理论和主观期望效用理论的不足之处.正是基于研究人们的非理性行为,以色列人丹尼尔·卡尼曼(Daniel Kahneman)和阿莫斯·特沃斯基(Amos Tversky)提出了前景理论.

经典决策理论实际上是一个"黑箱",我们并不知道"黑箱"里到底发生了什么.决策过程中的许多非理性行为,比如顺序效应,并不能用基于经典概率的决策理论很好地解释.所以一些科学家试图利用量子理论的思想来揭示人们的决策过程.近期许多基于量子概率的决策理论被提出.艾尔茨(Aerts)等人最早提出了应用量子概率来描述决策过程,尤卡洛夫(Yukalov)等人提出了一个严格公理化的量子决策理论,布斯迈耶(Busemeyer)等人提出了利用量子模型来描述人们的判断和顺序效应,赫连尼科夫(Khrennikov)等人利用量子测量理论(instrument of quantum measurement)改进了布斯迈耶等人的模型.

无论是经典决策理论还是量子决策理论,所有完善的决策模型都基于严格的数学结构来描述人们在不确定性下的决策.我们坚信,决策者的主观信念不可能用严格的数学公式来计算.数学模型的主要问题是难以理解的,很难反映决策者思维状态的动态变化,并且当数学模型变得更加复杂时,不可能计算出理论值并与实际观测值进行比较.

本章将在量子遗传编程算法的基础上,进一步构建一个"量子进化算法",也可以说是一种新的量子决策理论模型.此计算模型结合了量子理论的独特见解(量子态叠加原理)和达尔文的适者生存理论(进化过程由遗传编程模拟)来描述和解释人们在不确定性下的决策.我们的决策模型强调机器学习,决策者做出的每个决定将得到奖励或者受到惩罚,从而决策者能积累到宝贵的经验,并为将来更好的决策做好准备.这更符合现实世界中的决策者的要求.

我们构建的量子进化算法仅通过机器学习观察到的历史数据(可观测量的时间序列)来发现思维的"定律";在我们的量子决策理论模型中没有微分方程,也没有转移概率计算.我们不使用经典决策理论中通常的效用函数或量子决策理论的投影类型的可观测量进行建模,而是使用状态决策树(逻辑树)和观测值函数树(数值树)进行建模.状态决策树决定时间序列中每个点的状态,观测值函数树计算时间序列两点之间的绝对"距离".状态决策树和观测值函数树结合在一起共同刻画出决策者的整个决策过程.

6.2 量子决策理论的进化算法

无论是冰球(宏观)、电子(微观)还是证券(市场)，都可以被认为是一个通用实体，其中这个实体随时间的变化可以用由状态和数值构成的时间序列来描述. 决策者可以学习这个时间序列数据，积累经验，并基于积累的经验对未来做出相应的决策. 冰球、电子和证券随时间变化的时间序列可以统一定义为实体的有限点数据序列：

$$\{(q_k, x_k)\}, \quad k = 1, \cdots, N \tag{6.1a}$$

$$x_k = x_{k-1} + \Delta x_{k,k-1} \tag{6.1b}$$

$$q_k = \begin{cases} 0, & \Delta x_{k,k-1} \geqslant 0 \\ 1, & \Delta x_{k,.k-1} < 0 \end{cases} \tag{6.1c}$$

其中 q_k 表示实体动态变化的状态，如果实体的路径上升 ($x_k \geqslant x_{k-1}$)，则实体的状态为 0；否则，实体的状态为 1. x_k 表示实体的可观测值，$\{x_k, k = 1, \cdots, N\}$ 时间序列定义实体随时间变化的"轨迹". 例如，对于螺纹钢期货，$q_k = 0$ 表示证券上涨，$q_k = 1$ 表示证券下跌；x_k 表示螺纹钢期货的收盘价，而 $\{x_k, k = 1, \cdots, N\}$ 时间序列表示螺纹钢期货的价格波动曲线.

时间序列 $\{(q_k, x_k)\}$ 可以视为自然对决策者提出的一系列问题，而决策者需要根据观察到的时间序列来理解自然，并做出相应的决策. 我们作为决策者其实是在和自然博弈，自然既不乐观也不悲观，只是在和我们玩掷骰子的游戏. 自然用一系列数据做出"她"的选择，作为决策者，我们"押注"时间序列，学习历史数据(时间序列)并最大化我们的期望值，以便找到概率最高的正确答案. 换句话说，决策者研究一个实体(例如螺纹钢期货)的整个"生命"过程(历史数据)，从学习实体(螺纹钢期货)的过去来积累经验以找到关于实体正确的答案.

那么问题是：决策者能否找到一个算法 A 来回答自然提出的问题？换句话说，给定一个时间序列 $\{(q_k, x_k)\}$，决策者是否可以构造一个算法 A，以 $\{(q_k, x_k)\}$ 作为输入并输出计算的时间序列 $\{(q'_k, x'_k)\}$ 使得

$$A(\{(q_k, x_k)\}) \xrightarrow{\Delta} \begin{cases} \{q'_k = q_k\} \\ \{x'_k = x_k\} \end{cases} \tag{6.2}$$

我们的回答是肯定的,我们提出的量子进化算法由两部分的"树"来表示:一部分是状态决策树(逻辑树),利用"是"或"否"逻辑决定实体的动态变化的状态,另一部分是观测值函数树(数值树)描述实体的观测值.状态决策树和观测值函数树将一起重构实体的"轨迹". 换句话说,"正确"的算法是使计算的时间序列 $\langle (q'_k, x'_k) \rangle$ 与观测到的时间序列 $\langle (q_k, x_k) \rangle$ 相匹配.

(1) 状态决策树(qDT):某个"正确"的算法 A_k 利用 qDT 对实体状态进行"计算"(确定实体的状态 q'_k 并计算实体的理论值 x'_k,将其与观测值 x_k 进行比较).

(2) 观测值函数树(xFT):xFT 用于计算实体两点之间的绝对"距离"($|x_k - x_{k-1}|$).

一般来说,算法 A_k 的目标是能够生成与测量相匹配的结果,并预测未来的下一个结果.

$$\{(q_k, x_k)\} \xrightarrow{\text{输入}} A_k(\text{xFT}, \text{qDT}) \xrightarrow{\text{输出}} \{(q'_k, x'_k)\} \tag{6.3a}$$

并满足

$$q'_k = q_k, \quad x'_k = x_k \tag{6.3b}$$

$$q'_{n+1} = q_{n+1}, \quad x'_{n+1} = x_{n+1} \tag{6.3c}$$

我们提出利用遗传编程(GP)来搜索"正确"的算法(找到满意的 qDT 和 xFT).遗传编程之父约翰·科扎(John Koza)在他的著名文章《Genetic Programming：A Paradigm for Genetically Breeding Populations of Computer Programs to Solve Problems》的摘要指出:

> 人工智能和机器学习中的许多看似不同的问题可以被视为需要发现一个计算机程序,该程序由特定的一组输入产生一组期望的输出.当以这种方式看待问题时,解决这些问题的过程等同于在可能的计算机程序空间中搜索最合适的单个计算机程序.这里描述的新"遗传编程"范式提供了一种搜索这种最合适的个体计算机程序的方法.在这种新的"遗传编程"范式中,计算机程序的种群是基于达尔文适者生存原则和适用于基因交配计算机程序的遗传交叉(重组)运算符来进行遗传繁殖的.

Koza 继续在文章的引言中陈述:

> 根据涉及的特定领域的专业术语,"计算机程序"可以称为机器人行动计划、最优控制策略、决策树、计量经济学模型、一组状态转换方程、传递函数、游戏策略.或

者,也许更一般地称为"函数组合".同样,"计算机程序"的"输入"可以称为传感器值、状态变量、自变量、属性,或者可能仅仅是"函数的参数".但是,无论使用什么不同的专业术语,基本的问题是发现一个计算机程序,该程序在呈现特定输入时会产生一些期望的输出.

我们认为达尔文的进化论是一个杰出的科学理论,并且是解释我们在自然中的地位的最佳的科学理论.因此,就像物种通过适者生存代代相传一样,进化算法通过机器学习同样也可以做到这一点.如在第5章所述,遗传编程的思路很简单:

(1) 随机生成 200～500 个算法(qDT 或 xFT).

(2) 学习历史数据得到每个算法的适应度.

(3) "满意"的算法(qDT 或 xFT)是通过达尔文的适者生存原则(交叉、变异和选择)经过 50～100 代的进化而获得的.

遗传编程算法的步骤:

输入:

• 历史数据 $\{d_k = (q_k, x_k), k = 0, \cdots, N\}$(每个数据点包括实体的状态和观测值)

• 设置

(a) 操作集 F

(b) 数据集 D

(c) 交叉概率 = 70%；突变概率 = 5%

初始化:

• 种群:随机生成 200～500 个个体

进化迭代:

• for $i = 0$ to $n(n = 50 \sim 100$ 代)

(a) 计算每个个体的适应度函数

(b) 根据适应度函数的大小:

(i) 选择:选择双亲

(ii) 交叉:根据交叉概率从选择的双亲生成子代

(iii) 变异:根据变异概率改变双亲的基因

输出:

• 具有最好适应度的个体

遗传编程流程如图 6.1 所示.

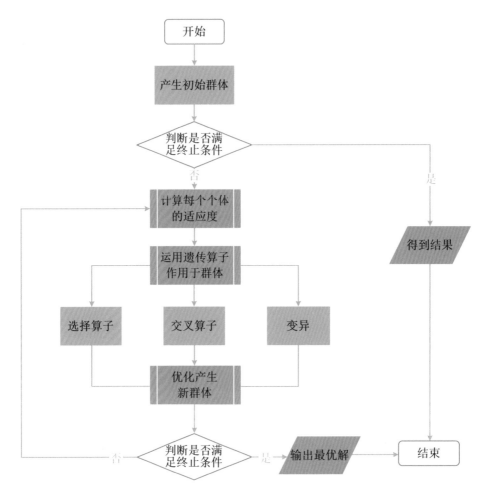

图 6.1　遗传编程流程图

6.2.1　观测值函数树(xFT)

观测值函数树由传统的遗传编程函数树构成.遗传编程以树结构的形式进化计算机程序(算法),传统的遗传编程的最终形式表示为函数树,如图 6.2 所示.

对于 xFT,操作集 F 和数据集 T 如下所示:

(1) 操作集 $F = \{ + , - , * , / , \sin , \cos , \log , \exp \}$.

(2) 数据集 $T = \{ k , z_1 , z_2 , \cdots , z_m \}$.

不确定性决策的量子理论与算法
Quantum Theory and Algorithms for Uncertain Decision-Making

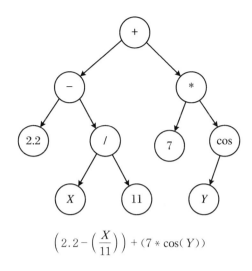

$$\left(2.2 - \left(\frac{X}{11}\right)\right) + (7 * \cos(Y))$$

图 6.2   遗传编程树结构

其中 k 表示时间序列的第 k 个数据点,z_m 表示某个参变量,数据集 $T =$ $\{z_1, z_2, \cdots, z_m\}$ 取决于问题空间,例如经典物理学中的粒子速度或金融市场的证券价格.xFT 是一个由运算集 F 和数据集 T 组成的函数:

$$\text{xFT} = f(F, T) \tag{6.4}$$

我们定义实体两个观测点之间的"绝对距离"如下:

$$d_{k,k-1} = \big| x_k - x_{k-1} \big| \tag{6.5}$$

这样我们就可以通过 xFT 计算实体两个观测点之间的"绝对距离":

$$d'_{k,k-1} = f(F, \{k, z_1, z_2, \cdots, z_m\}) - f(F, \{k-1, z_1, z_2, \cdots, z_m\})$$

现在我们可以定义 xFT 的适应度函数如下所示:

$$\text{xFT}_{\text{fitness}} = -\sum_{k=1}^{n} (d'_{k,k-1} - d_{k,k-1})^2 \tag{6.6}$$

其中 $d'_{k,k-1}$ 是由 xFT 计算出的理论值,$d_{k,k-1}$ 是实际观测值.适应度函数本质上是一种特定类型的函数,用于总结给定设计解决方案与实现既定目标的接近程度.遗传编程中的适应度函数用来指导实现最佳的设计解决方案.为了找到最优解,进化算法通过选择、交叉和变异实现连续进化过程.持续进化的目标是找到一个令人满意的 xFT,使 $d'_{k,k-1}$ 尽可能接近 $d_{k,k-1}$.

6.2.2 状态决策树(qDT)

状态决策树由遗传编程的量子门(矩阵)树构成.量子遗传编程的最终形式表示为矩阵.qDT 的目的是模拟不确定状态下的决策者的决策过程.表 6.1 显示了一个实体具有 q_1 和 q_2 两种状态;决策者有两个可能的行动 a_1 和 a_2. 最后,$p_1 \mid x, p_1 \mid - x$,$p_2 \mid - x, p_3 \mid x$ 是所有可能的决策结果,比如 $p_1 \mid x$ 表示决策者以 p_1 的主观概率采取行动 a_1,并且获利 x;$p_2 \mid - x$ 表示决策者以 p_2 的主观概率采取行动 a_2,并且亏损 x.实体的状态影响决策者的行动,而决策者的行动又决定实体的状态.客观(实体的状态)和主观(决策者的行动)之间的这种相互作用是导致决策结果(收益或损失)不确定的根本原因.

表 6.1　状态-行动-结果表

行动 ＼ 状态	q_1	q_2
a_1	$p_1 \mid x$	$p_1 \mid - x$
a_2	$p_2 \mid - x$	$\mu_2 \mid x$

实体的状态描述客观世界,它可以用希尔伯特空间所有可能状态的叠加来表示:

$$|\psi\rangle = c_1 |q_1\rangle + c_2 |q_2\rangle \tag{6.7}$$

其中 $|q_1\rangle$ 和 $|q_2\rangle$ 表示实体的两个状态,$|c_1|^2$ 表示实体处于状态 $|q_1\rangle$ 的客观频率,$|c_2|^2$ 表示实体处于状态 $|q_2\rangle$ 的客观频率.

决策者的思维状态是主观世界.我们假设,当决策者在选择行动犹豫不决时,可以通过所有可能行动的叠加来表示

$$|\varphi\rangle = \mu_1 |a_1\rangle + \mu_2 |a_2\rangle \tag{6.8}$$

其中 $|a_1\rangle$ 和 $|a_2\rangle$ 表示决策者的两个行动,$p_1 = |\mu_1|^2$ 表示决策者选择行动 $|a_1\rangle$ 的主观概率,$p_2 = |\mu_2|^2$ 表示决策者选择行动 $|a_2\rangle$ 的主观概率.

决策者在做出决定之前获得的信息是有限的,从某种意义上说,基本上是不完备的,这迫使决策者基本上只能"猜测"或"下注".在决策者做出决定之前,他/她的心理状态处于纯态,一种叠加状态,他们可以决定是否同时选择行动 1 和行动 2.但实际上,决策者无

法同时采取行动 1 和行动 2.这种纯态是行动 1 和行动 2 在决策者脑海中的叠加.当决策者做出最终决定时,决策者的思维状态就会从纯态转变为混合态,即他们以一定程度的信念决定采取行动 1 或者行动 2.基本上,这种转换是决策者从可选择的行动中选择某一个行动,以概率 p_1 采取 a_1,以概率 p_2 采取 a_2.

决策过程如下:

$$\rho = |\varphi\rangle\langle\varphi| \xrightarrow{\text{决策}} \rho' = p_1 |a_1\rangle\langle a_1| + p_2 |a_2\rangle\langle a_2| \tag{6.9}$$

用矩阵表示如下:

$$\rho = \begin{bmatrix} \rho_{11} & \rho_{12} \\ \rho_{21} & \rho_{22} \end{bmatrix} \xrightarrow{\text{对角化}} \begin{bmatrix} \lambda_1 & 0 \\ 0 & \lambda_2 \end{bmatrix} \xrightarrow{\text{归一化}}$$

$$\rho' = \begin{bmatrix} p_1 & 0 \\ 0 & p_2 \end{bmatrix} = p_1 |a_1\rangle\langle a_1| + p_2 |a_2\rangle\langle a_2| \tag{6.10a}$$

$$|a_1\rangle = \begin{bmatrix} 1 \\ 0 \end{bmatrix}, |a_2\rangle = \begin{bmatrix} 0 \\ 1 \end{bmatrix}; |a_1\rangle\langle a_1| = \begin{bmatrix} 1 & 0 \\ 0 & 0 \end{bmatrix}, |a_2\rangle\langle a_2| = \begin{bmatrix} 0 & 0 \\ 0 & 1 \end{bmatrix} \tag{6.10b}$$

纯态 ρ 可以由 8 个基本的量子门来近似模拟.

对于 qDT,操作集 F 和数据集 T 如下所示:

(1) 操作集 $F = \{+, *, \parallel\}$.

(2) 数据集 $T = \{H, X, Y, Z, S, D, T, I\}$.

$$\cdot \begin{cases} H = \frac{1}{\sqrt{2}} \begin{bmatrix} 1 & 1 \\ 1 & -1 \end{bmatrix} & X = \begin{bmatrix} 0 & 1 \\ 1 & 0 \end{bmatrix} & Y = \begin{bmatrix} 0 & -i \\ i & 0 \end{bmatrix} & Z = \begin{bmatrix} 1 & 0 \\ 0 & -1 \end{bmatrix} \\ S = \begin{bmatrix} 1 & 0 \\ 0 & i \end{bmatrix} & D = \begin{bmatrix} 0 & 1 \\ -1 & 0 \end{bmatrix} & T = \begin{bmatrix} 1 & 0 \\ 0 & e^{i\pi/4} \end{bmatrix} & I = \begin{bmatrix} 1 & 0 \\ 0 & 1 \end{bmatrix} \end{cases}$$

其中 + 表示两个矩阵相加,* 表示两个矩阵相乘,$\parallel$ 表示从两个矩阵中随机地选一个.H, X, Y, Z, S, D, T, I 是 8 个基本量子门(2×2 矩阵).qDT 是由操作集 F 和数据集 T 组成的量子决策树,它确定实体的状态并计算实体在不同点的值.

qDT 的实际构造过程是从操作集 F 中随机选择一个操作符号(非叶结点),然后根据操作符号的性质增长相应的"分支",以此类推,直到到达某个叶结点.完全构建好的 qDT 将非叶结点作为圆形,将叶结点作为正方形.图 6.3 是一个 qDT 示例.

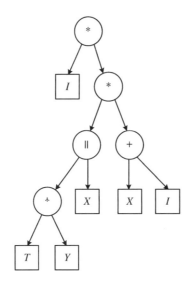

图 6.3   状态决策树

我们从状态决策树(qDT)的"根"开始,在这种情况下是顶部圆圈中的乘法运算.根据乘法运算规则,它需要"生长"出两个分支,"I"量子门(正方形)和另一个乘法运算符(圆圈).由于量子门"I"是一个叶结点,它就到此结束.由于第二个乘法运算是一个非叶结点,这意味着它将从该结点继续增长.它不断增长,"生长"出另外两个操作符号,一个"或"操作(∥)和一个"加"操作(+).从这里,它们生长出分枝到更多结点."或"操作增长出另一个乘法运算符和一个"X"量子门叶结点."加"操作增长出两个叶结点,因此,以"X"量子门和"I"量子门结束.从"或"操作产生的乘法操作继续生长出新的分枝,而"或"操作产生的"X"量子门结束了此分枝.最后,我们得到乘法操作(从"或"操作产生)的两个"叶子",一个"T"和"Y"量子门,完成这个 qDT.此 qDT 可由以下的数学公式表示:

$$qDT = (I * \{[(T * Y) \| X] * (X + I)\}) \tag{6.11}$$

- $S_1 = \{I * [X * (X + I)]\} \rightarrow |a_1\rangle\langle a_1|$
- $S_2 = \{I * [(T * Y) * (X + I)]\} \rightarrow 0.04|a_1\rangle\langle a_1| + 0.96|a_2\rangle\langle a_2|$

根据这个 qDT,它告诉我们的是我们可以采取两种不同的策略:策略 S_1 确定采取行动 a_1(理性选择);策略 S_2 以 96% 的信念度采取行动 a_2(理性选择)和以 4% 的信念度采取行动 a_1(非理性选择).两种策略各自的理性选择的主观概率几乎完全接近于 100%,这表明这个 qDT 几乎得到了关于时间序列状态的最大的信息.这里我们简单阐述一下为什么这个 qDT 会产生两种策略.由于存在"∥"操作符号,这意味着"或"下的两个分枝有 50%/50% 的概率被选择,其中一个是"X"门,另一个是($T * Y$).因此,这就是为什么 qDT 会产生两种不同的策略.雷·所罗门诺夫(Ray Solomonoff)在他的论文《算法概

不确定性决策的量子理论与算法
Quantum Theory and Algorithms for Uncertain Decision-Making

率能解决归纳问题吗?》中陈述:

我们不确定做出决策所需的概率,我们无法用概率来表达这种不确定性.

因此,这就是我们使用 qDT 的确切原因,因为我们首先从 qDT 提供的一组策略中选择一个策略,然后以一定的主观信念选择一个行动来处理决策的不确定性需求.qDT 的嵌套层次结构正是试图解决雷·所罗门诺夫所说的"我们无法用概率表达这种不确定性"的问题.有了 qDT 我们就可以"计算"出实体的状态和理论值,并和观测值进行比较.

$$q'_k = \text{qDT}(F, T)$$

$$= \begin{cases} 0, & \text{进化算法"相信"实体的状态是 0(信念度是 } p_1) \\ 1, & \text{进化算法"相信"实体的状态是 1(信念度是 } p_2) \end{cases} \tag{6.12}$$

$$x'_k = \begin{cases} x'_{k-1} + d'_{k,k-1}, & \text{若 } q'_k = 0 \\ x'_{k-1} - d'_{k,k-1}, & \text{若 } q'_k = 1 \end{cases} \tag{6.13}$$

仅靠 qDT 并不能帮助我们做出最佳决策,下一步是找到一种方法来优化 qDT,并用一组令人满意的策略来指导不确定性条件下的决策.要优化任何东西,需要解决以下问题:第一,选择一个好的评估函数;第二,如何获得最优解.在我们的模型中,任何决策者做出任何决定时都会尝试最大化他们的期望值.因此,我们需要评估决策者最终决策的结果(获利或亏损)的程度,我们可以通过使用期望值作为适应度函数来优化 qDT.让 qDT 经历迭代演化循环的整个想法就是通过学习历史数据来找到一个令人满意的 qDT,以获得最优解.学习规则如下:

(1) 如果实体的状态是 $q_1(0)$.

① 如果决策者"下注"实体状态是 q_1,决策者获利;

② 如果决策者"下注"实体状态是 q_2,决策者亏损.

(2) 如果实体的状态是 $q_2(1)$.

① 如果决策者"下注"实体状态是 q_2,决策者获利;

② 如果决策者"下注"实体状态是 q_1,决策者亏损.

决策者的第 k 个期望值为

$$EV_k = \begin{cases} p_1 d_{k,k-1}, & \text{实体状态是 0 并且算法以置信度 } p_1 \text{"相信"实体状态是 0} \\ -p_2 d_{k,k-1}, & \text{实体状态是 0 并且算法以置信度 } p_2 \text{"相信"实体状态是 1} \\ -p_1 d_{k,k-1}, & \text{实体状态是 1 并且算法以置信度 } p_1 \text{"相信"实体状态是 0} \\ p_2 d_{k,k-1}, & \text{实体状态是 1 并且算法以置信度 } p_2 \text{"相信"实体状态是 1} \end{cases}$$

$$\tag{6.14}$$

现在我们可以定义 qDT 的适应度函数如下所示:

$$qDT_{fitness} = \sum_{k=1}^{n} EV_k \tag{6.15}$$

状态决策树适应度 $qDT_{fitness}$ 最大化决策者的期望值,使 $(q'_k \xrightarrow{\text{等于}} q_k)$;观测值函数树适应度 $xFT_{fitness}$ 利用负反馈使 $(\Delta x'_k \xrightarrow{\text{等于}} \Delta x_k)$. $qDT_{fitness}$ 与 $xFT_{fitness}$ 一起将重建实体的"轨迹"使得 $\{(q'_h, r'_h)\} \xrightarrow{\text{等于}} \{(q_k, x_k)\}$,并对实体未来结果做出如下预测:

$$d'_{n+1,n} = xFT(F, \{n+1, z_1, z_2, \cdots, z_m\}) - xFT(F, \{n, z_1, z_2, \cdots, z_m\}) \tag{6.16a}$$

$$q'_{n+1} = qDT(\{+, *, \|\}, \{H, X, Y, Z, S, D, T, I\}) \tag{6.16b}$$

$$x'_{n+1} = \begin{cases} x'_n + d'_{n+1,n}, & \text{若 } q'_{n+1} = 0 \\ x'_n - d'_{n+1,n}, & \text{若 } q'_{n+1} = 1 \end{cases} \tag{6.16c}$$

6.3　不确定性决策量子理论的应用

我们构建的不确定性决策量子理论可以应用到不同的领域,本节将主要阐述我们在两个方向所完成的工作:其一是期货交易金融市场——机器交易员,通过机器学习螺纹钢期货的时间序列数据从而重新发现有效市场假说;其二是科学发现,通过机器学习重新发现了经典力学的牛顿方程和量子力学的玻恩规则.

6.3.1　量子金融——机器交易员

本节我们将构建一个机器交易员(进化算法)来模拟真正的交易员.机器交易员将通过模拟人类交易员进行螺纹钢期货的交易,并通过学习已经交易的历史数据不断积累经验以期获利最大化.更进一步,机器交易员将根据学习到的经验,构建一个关于金融市场的"理论",换句话说,机器交易员将重新"发现"有效市场假说.这里需要强调的是,机器交易员仅仅通过机器学习就构建了有效市场假说,根本没有用到任何微积分方程和理性经济人假设.

这里我们用来训练机器交易员的时间序列是在上海期货交易所交易的螺纹钢期货合约 rb1901,如表6.2所示,第一列表示状态,其中 0 表示上涨,1 表示下跌;第二列表示收盘价.

表6.2 螺纹钢交易数据

状态	收盘价
0	3704
1	3694
1	3691
1	3677
1	3666
0	3669
0	3685
0	3703
1	3698
1	3690
0	3700
1	3684
0	3694
0	3705
0	3714
1	3680
0	3749
0	3801
1	3792
1	3781

螺纹钢期货合约 rb1901 的交易数据可表示为

$$\{(q_k, x_k)\}, \quad k = 1, \cdots, 20 \tag{6.17}$$

其中 q_k 表示螺纹钢的状态,0 表示上涨,1 表示下跌;x_k 表示螺纹钢的收盘价.

1. 螺纹钢的观测值函数树(xFT)

螺纹钢期货的收盘价可以由 xFT 来模拟. xFT 的操作集 F 和数据集 T 如下:

(1) 操作集 $F = \{ +, -, *, /, \log, \exp \}$.

(2) 数据集 $T = \{t, fl, av, h, l\}$.

其中 t 表示时间序列的第 t 个交易, fl 表示收盘价的平均波动, av 表示平均收盘价, h 表示最高收盘价, l 表示最低收盘价.

我们定义螺纹钢两个交易时间点之间的"绝对收盘价距离"如下:

$$d_{t,t-1} = |x_t - x_{t-1}| \tag{6.18}$$

这样机器交易员就可以通过 xFT 来计算螺纹钢两个交易时间点之间的"绝对收盘价距离":

$$d'_{t,t-1} = f(F, \{t, fl, av, h, l\}) - f(F, \{t-1, fl, av, h, l\}) \tag{6.19}$$

现在我们可以定义 xFT 的适应度函数如下所示:

$$xFT_{fitness} = -\sum_{t=1}^{n} (d'_{t,t-1} - d_{t,t-1})^2 \tag{6.20}$$

通过上面的适应度函数, 机器交易员就可以不断学习历史数据, 从而进化出一个"满意"的 xFT 来模拟螺纹钢的连续变化的收盘价.

$$
\begin{aligned}
&xFT \\
&= \Bigg| 2t \\
&\quad \times \bigg| av \\
&\quad \div \bigg| av \\
&\quad - \Big(\big(\big((\log(fl + l)) - ((e^{t-h/av}) - \log fl) \big) + t \big) \times (t - l) \Big) \\
&\quad \div l^2 \Bigg|\bigg|\bigg|
\end{aligned} \tag{6.21}
$$

xFT 观察值函数树由图 6.4 表示. 其中 Average 表示平均收盘价, High 表示最高收盘价, Low 表示最低收盘价, Flucation 表示收盘价的平均波动. 我们可以看到这个 xFT 是一个相当复杂的多层的函数树, 机器交易员可以用这个 xFT 来模拟螺纹钢两个交易点之间的收盘价的绝对距离.

螺纹钢的观测值函数树(xFT)如图 6.4 所示.

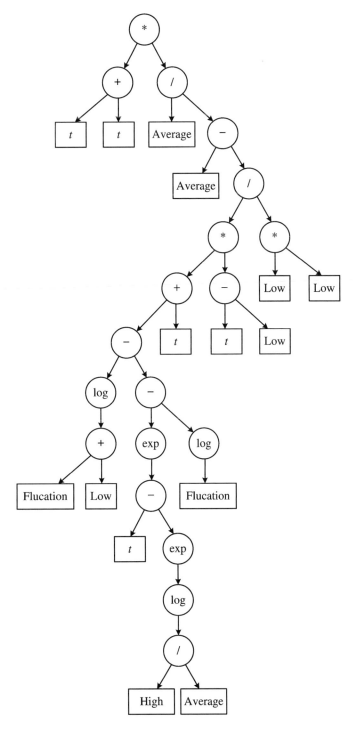

图 6.4　螺纹钢的观测值函数树(xFT)

2. 螺纹钢的状态决策树(qDT)

螺纹钢的交易状态可以用期货的所有可能状态的叠加来表示:

$$|\psi\rangle = c_1 |q_1\rangle + c_2 |q_2\rangle \tag{6.22}$$

其中$|q_1\rangle$表示螺纹钢收盘价处于上涨的状态,$|q_2\rangle$表示螺纹钢收盘价处于下跌的状态,$|c_1|^2$表示螺纹钢处于上涨状态$|q_1\rangle$的客观频率,$|c_2|^2$表示螺纹钢处于下跌状态$|q_2\rangle$的客观频率.

螺纹钢的状态决策树(qDT)如图6.5所示.

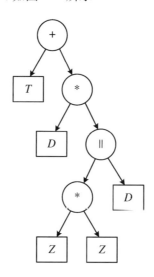

图6.5　螺纹钢的状态决策树(qDT)

机器交易员的交易行动可以通过所有可能行动的叠加来表示:

$$|\varphi\rangle = \mu_1 |a_1\rangle + \mu_2 |a_2\rangle \tag{6.23}$$

其中$|a_1\rangle$表示机器交易员的买入行动,$|a_2\rangle$表示机器交易员的卖出行动,$p_1 = |\mu_1|^2$表示机器交易员选择买入行动$|a_1\rangle$的主观信念(主观概率),$p_2 = |\mu_2|^2$表示机器交易员选择卖出行动$|a_2\rangle$的主观信念(主观概率).

机器交易员在交易之前获得的关于螺纹钢的信息是有限的,从某种意义上说,基本上是不完备的,所以以无法精确地预测螺纹钢下一个交易是上涨还是下跌,这迫使机器交易员基本上只能"下注".在机器交易员做出决定之前,它的决策状态处于纯态,一种叠加状态,它可以决定是否同时选择买入和卖出.但实际上,机器交易员无法同时买入和卖出,这种纯态是买入和卖出在机器交易员的"脑"中的叠加.当机器交易员做出最终决定时,机器交易员的决策状态就会从纯态转变为混合态,即它以一定程度的概率决定采取买入或者卖出的交易行动.基本上,这种转换是机器交易员从可选择的行动中选择某一个行动,以概率 p_1 采取 a_1,以概率 p_2 采取 a_2.

交易过程:

$$\rho = |\varphi\rangle\langle\varphi| \xrightarrow{\text{决策}} \rho' = p_1 |a_1\rangle\langle a_1| + p_2 |a_2\rangle\langle a_2| \tag{6.24}$$

对于 qDT,操作集 F 和数据集 T 如下所示:

(1) 操作集 $F = \{+, *, \|\}$.

(2) 数据集 $T = \{H, X, Y, Z, S, D, T, I\}$.

其中 H, X, Y, Z, S, D, T, I 是 8 个基本量子门(2×2 矩阵).qDT 是由操作集 F 和数据集 T 组成的量子决策树,它确定机器交易员的决策状态并计算螺纹钢在不同交易时间的收盘价.有了 qDT 机器交易员就可以"计算"出螺纹钢的状态 q'_t 和收盘价 x'_t,并和螺纹钢在实际市场中观测的状态和收盘价进行比较.

$$q'_t = \text{qDT}(F, T)$$

$$= \begin{cases} 0, & \text{机器交易员 "相信" 螺纹钢的状态是上涨 0(信念度是 } p_1) \\ 1, & \text{机器交易员 "相信" 螺纹钢的状态是下跌 1(信念度是 } p_2) \end{cases} \tag{6.25a}$$

$$x'_t = \begin{cases} x'_{t-1} + d'_{t,t-1}, & \text{若 } q'_t = 0 \\ x'_{t-1} - d'_{t,t-1}, & \text{若 } q'_t = 1 \end{cases} \tag{6.25b}$$

下一步通过遗传编程来优化 qDT,并用一组令人满意的交易策略来指导机器交易员在不确定性条件下的决策.机器交易员在做出任何交易时都会尝试最大化它的期望值.因此,我们可以通过使用期望值作为适应度函数来优化 qDT.让 qDT 经历迭代演化循环的整个想法就是通过学习历史数据来找到一个令人满意的 qDT,以获得最优解.学习规则如下:

(1) 如果螺纹钢的状态是上涨 q_1.

① 如果机器交易员"下注"螺纹钢状态是上涨 q_1,机器交易员获利;

② 如果机器交易员"下注"螺纹钢状态是下跌 q_2,机器交易员亏损.

(2) 如果螺纹钢的状态是下跌 q_2.

① 如果机器交易员"下注"螺纹钢状态是下跌 q_2,机器交易员获利;

② 如果机器交易员"下注"螺纹钢状态是上涨 q_1,机器交易员亏损.

机器交易员进行机器学习得到的第 k 个期望值为

$$EV_k = \begin{cases} p_1 d_{k,k-1}, & \text{螺纹钢上涨并且机器交易员以置信度 } p_1 \text{“相信”螺纹钢上涨} \\ -p_2 d_{k,k-1}, & \text{螺纹钢上涨并且机器交易员以置信度 } p_2 \text{“相信”螺纹钢下跌} \\ -p_1 d_{k,k-1}, & \text{螺纹钢下跌并且机器交易员以置信度 } p_1 \text{“相信”螺纹钢上涨} \\ p_2 d_{k,k-1}, & \text{螺纹钢下跌并且机器交易员以置信度 } p_2 \text{“相信”螺纹钢下跌} \end{cases} \tag{6.26}$$

现在我们可以定义 qDT 的适应度函数如下所示：

$$\mathrm{qDT}_{\mathrm{fitness}} = \sum_{k=1}^{n} EV_k \tag{6.27}$$

$$\mathrm{qDT} = (T + \{D * [(Z * Z) \parallel D]\}) \tag{6.28}$$

- $S_1 = \{T + [D * (Z * Z)]\} \rightarrow |a_1\rangle\langle a_1|$
- $S_2 = [T + (D * D)] \rightarrow |a_2\rangle\langle a_2|$

式(6.28)以及图 6.5 是遗传编程算法优化出来的 qDT. 对于机器交易员来说,这个 qDT 提供了两个交易策略 $\{S_1, S_2\}$,机器交易员可以从两者中随机选择一个交易策略,并应用这个交易策略来指导机器交易员进行交易(以一定的主观信念). 如果选择交易策略 S_1,则机器交易员 100%确定螺纹钢的状态始终为上涨;如果选择交易策略 S_2,机器交易员 100%确定螺纹钢的状态始终为下跌. 不同交易时间之间的收盘价绝对距离可以通过 xFT 计算,如式(6.29b)所示. 结合 qDT 和 xFT,机器交易员可以以接近 100%的准确率 "重构"螺纹钢的收盘价(如图 6.6 所示),但只能对螺纹钢的未来状态和"价格轨迹"做出 50%/50%概率的预测,即不使用偏微分方程和联合概率,机器交易员独立"发现"了有效市场假说.

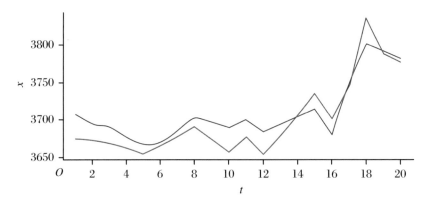

图 6.6 螺纹钢收盘价轨迹

注:蓝线表示实际观测的收盘价,红线表示计算的收盘价.

不确定性决策的量子理论与算法
Quantum Theory and Algorithms for Uncertain Decision-Making

$$q'_t = \begin{cases} 0, & \text{如果策略 } S_1 \text{ 被选择} \\ 1, & \text{如果策略 } S_2 \text{ 被选择} \end{cases} \tag{6.29a}$$

$$d'_{t,t-1} = \text{xFT}(t, fl, av, h, l) - \text{xFT}(t-1, fl, av, h, l) \tag{6.29b}$$

$$x'_t = \begin{cases} x'_{t-1} + d'_{t,t-1}, & \text{若 } q'_t = 0 \\ x'_{t-1} - d'_{t,t-1}, & \text{若 } q'_t = 1 \end{cases} \tag{6.29c}$$

6.3.2　科学发现——机器科学家

关于科学发现,主流方法是应用微分方程描述自然规律,在边界条件下求解微分方程以获得近似解.该模型非常适合简单的封闭系统并且工作得非常好,例如经典力学的牛顿方程和量子力学的薛定谔方程;然而,对于复杂的开放系统,这样的解决方案往往并不工作.本小节我们将构建一个机器科学家学习时间序列并以此来发现科学规律.我们不使用经典力学的函数或者量子力学的波函数进行建模,而是使用状态决策树(逻辑)和观测值函数树(数值)进行建模.状态决策树和观测值函数树一起可以重建实体(宏观和微观)的轨迹并预测其未来轨迹.我们提出的算法模型强调机器学习,机器科学家通过奖励或惩罚它做出的每个决定来建立它的关于外部客观世界的主观经验并最终重新发现牛顿方程(经典物理学)和玻恩规则(量子力学).我们提出的机器学习模型也可以通过学习其他可观测的物理数据来发现未知的自然规律.

一个基础科学理论通常包括 3 个核心要素:一是描述观察到的实验数据;二是预测未来的结果;三是需要理解观测到的数据所定义的自然现象.时至今日,发现自然规律的主流方式依旧是用严谨的数学结构(微分方程)描述实验观察结果,并利用概率理论对未来结果进行预测.通常物理学家首先通过定义关于自然的最基本的概念,例如力(经典力学)、场(经典电磁学)、态(量子力学)、熵(经典统计力学)等,然后再通过微分方程来描述单个粒子的运动,例如牛顿方程(经典力学)、麦克斯韦微分方程(经典电磁学)、薛定谔微分方程(量子力学).当由大量单个粒子组成的系综过于复杂时,物理学家引入了熵(热力学第二定律)和扩散方程(统计力学)完美地解决了这个难题.最后在边界条件约束下即可得到微分方程的解,由此可以得到粒子的初态到末态的全部变化,而且进一步可以预测粒子的未来状态.至此在严格的数学模型的框架下,自然规律由微积分方程简单、优美且完备地描述了.在量子力学的框架下,通过引入量子概率(玻恩规则),薛定谔微分方程虽然简单且优美地描述了微观粒子的运动;然而,如果没有量子力学的坍缩假设,仅靠薛定谔方程很难解释量子测量难题,近 100 年过去了,这个难题依旧没有得到很好的解答.

严格的数学模型的主要问题是它们难以理解,并且当数学模型变得更加复杂时,不容易计算理论值以与实际观测结果进行比较.我们相信,自然法则不是简单地由微积分方程(严格的数学结构)定义的,而是由动态规则(进化算法)定义的.不断被问到的问题是"自然的本质是什么".诚实地说我们不知道.我们所拥有的只是观测到的关于自然的数据.这就引出了另一个问题:"机器科学家是否有可能用进化算法从观测到的数据中发现自然规律?"宏观或微观实体随时间的变化可以用由状态和观测值构成的时间序列来描述:

$$\{(q_k, x_k)\}, \quad k = 1, \cdots, N \tag{6.30a}$$

$$x_k = x_{k-1} + \Delta x_{k.k-1} \tag{6.30b}$$

$$q_k = \begin{cases} 0, & \Delta x_{k.k-1} \geqslant 0 \\ 1, & \Delta x_{k.k-1} < 0 \end{cases} \tag{6.30c}$$

其中 q_k 表示实体动态变化的状态,如果实体的路径上升($x_k \geqslant x_{k-1}$),则实体的状态为 0;否则,实体的状态为 1. x_k 表示实体的可观测值,$\{x_k, k=1, \cdots, N\}$ 数据序列定义实体的"轨迹".时间序列 $\{(q_k, x_k)\}$ 可以被视为自然对机器科学家提出的一系列问题,而机器科学家需要根据观测到的时间序列来描述和理解自然.那么问题是机器科学家能找到理论 T 来回答自然提出的问题吗? 换句话说,给定一个时间序列 $\{(q_k, x_k)\}$ 作为输入,机器科学家是否可以构造一个理论 t_k,能够生成与测量结果相匹配的结果,并且预测下一个结果.

$$\{(q_k, x_k)\} \xrightarrow{\text{输入}} t_k(\text{xFT}, \text{qDT}) \xrightarrow{\text{输出}} \{(q'_k, x'_k)\} \tag{6.31a}$$

满足

$$q'_k = q_k, \quad x'_k = x_k \tag{6.31b}$$

$$q'_{n+1} = q_{n+1}, \quad x'_{n+1} = x_{n+1} \tag{6.31c}$$

我们的答案是利用我们在 6.3.1 小节提出的决策理论通过机器学习历史数据将可以构建理论,如图 6.7 所示.关键是通过遗传编程算法搜索"满意"的状态决策树 qDT 和观测值函数树 xFT.我们将应用遗传编程算法来寻找"满意"的理论(搜索 qDT 和 xFT).思路和步骤其实很简单:① 随机生成 200~500 个理论;② "满意"的理论通过达尔文的适者生存原则(交叉、变异和选择)经过 50~100 代的进化而获得.

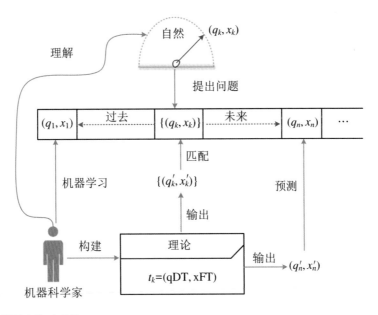

图 6.7　机器科学家构建理论

接下来我们将构建一个机器科学家,机器科学家将利用我们在 6.3.1 小节提出的不确定性决策量子理论通过机器学习历史数据重新发现经典力学的牛顿方程和量子力学的玻恩规则.

1. 经典力学的牛顿方程

表 6.3 中的冰球位置的数据是由以下牛顿方程生成的:

$$x \ = \ vt + \frac{1}{2}at^2 \tag{6.32}$$

其中 x 表示冰球的位置,t 表示时间,$v = 4$ 表示冰球的初始速度,$a = 6$ 表示冰球的加速度. 第一列表示冰球的状态,第二列表示冰球的位置,因为冰球的位置总是增大,所以冰球的状态总是 0.

冰球随时间变化的时间序列可表示为

$$\{(q_k, x_k)\}, \quad k = 1, \cdots, 20 \tag{6.33}$$

其中 q_k 表示冰球的状态,状态 0 表示位置增大,状态 1 表示位置减小;x_k 表示冰球的位置. 我们将应用我们提出的量子决策理论对表 6.3 中的时间序列进行机器学习,这里根本不需要定义力的概念,也不需要任何微分方程,机器科学家就能够重新发现牛顿方程.

表 6.3　冰球运动的位置

状态	位置
0	0
0	7
0	20
0	39
0	64
0	95
0	132
0	175
0	224
0	279
0	340
0	407
0	480
0	559
0	644
0	735
0	832
0	935
0	1044
0	1159

2．冰球的观测值函数树(xFT)

冰球的位置可以由 xFT 来模拟. xFT 的操作集 F 和数据集 T 如下：

（1）操作集 $F = \{ + , - , * , / \}$.

（2）数据集 $T = \{ t , v , a , o , h \}$.

其中 t 表示时间，v 表示初始速度，a 表示加速度，o 表示常数 1，h 表示常数 0.5.

我们定义冰球两个位置之间的绝对距离如下：

$$d_{t,t-1} = \left| x_t - x_{t-1} \right| \tag{6.34}$$

这样机器科学家就可以通过 xFT 来计算冰球两个位置之间的绝对距离：

$$d'_{t,t-1} = f(F,\{t,v,a,o,h\}) - f(F,\{t-1,v,a,o,h\}) \tag{6.35}$$

现在我们可以定义冰球的 xFT 的适应度函数如下所示：

$$xFT_{fitness} = -\sum_{t=1}^{n}(d'_{t,t-1} - d_{t,t-1})^2 \tag{6.36}$$

利用上面的适应度函数树,机器科学家通过不断学习历史数据就可能进化出一个"满意"的 xFT 来模拟冰球连续变化的位置,如图 6.8 所示.

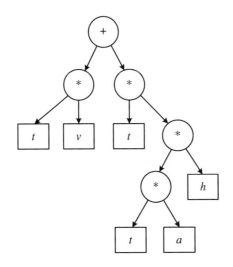

图 6.8　冰球的观测值函数树

相应的 xFT 公式表示如下：

$$xFT = vt + \frac{1}{2}at^2 \tag{6.37}$$

因为冰球的状态始终不变(冰球的位置总是增大),冰球随时间的运动是一个完全确定的过程,所以很明显我们可以看到机器科学家完全重新"发现"了牛顿方程.

3. 冰球的状态决策树(qDT)

冰球的状态可以用所有可能状态的叠加来表示：

$$|\psi\rangle = c_1|q_1\rangle + c_2|q_2\rangle \tag{6.38}$$

其中$|q_1\rangle$表示冰球的位置处于上升的状态 0,$|q_2\rangle$表示冰球位置处于下降的状态 1,$|c_1|^2$表示冰球处于状态$|q_1\rangle$的客观频率,$|c_2|^2$表示冰球处于状态$|q_2\rangle$的客观频率.

对于 qDT,操作集 F 和数据集 T 如下所示：

(1) 操作集 $F = \{+, *, \|\}$.

(2) 数据集 $T = \{H, X, Y, Z, S, D, T, I\}$.

其中 H, X, Y, Z, S, D, T, I 是 8 个基本量子门(2×2 矩阵). qDT 是由操作集 F 和数据集 T 组成的状态决策树, 它确定冰球的状态并计算冰球在不同时间的位置. 这样 qDT 就可以"计算"出冰球的状态 q'_t 和位置 x'_t, 并和冰球实际观测的状态和位置进行比较.

$$q'_t = \text{qDT}(F, T) = \begin{cases} 0, & \text{机器科学家"相信"冰球的状态是 0(信念度是 } p_1) \\ 1, & \text{机器科学家"相信"冰球的状态是 1(信念度是 } p_2) \end{cases}$$

(6.39a)

$$x'_t = \begin{cases} x'_{t-1} + d'_{t,t-1}, & \text{若 } q'_t = 0 \\ x'_{t-1} - d'_{t,t-1}, & \text{若 } q'_t = 1 \end{cases}$$

(6.39b)

我们可以通过使用期望值作为适应度函数来优化 qDT. 让 qDT 经历迭代演化循环的整个想法就是通过学习历史数据来找到一个令人满意的 qDT, 以获得最优解.

学习规则如下:

(1) 如果冰球的状态是上升 q_1.

① 如果机器科学家"下注"冰球状态是上升 q_1, 机器科学家获利;

② 如果机器科学家"下注"冰球状态是下降 q_2, 机器科学家亏损.

(2) 如果冰球的状态是下降 q_2.

① 如果机器科学家"下注"冰球状态是下降 q_2, 机器科学家获利;

② 如果机器科学家"下注"冰球状态是上升 q_1, 机器科学家亏损.

机器科学家进行机器学习得到的第 k 个期望值为

$$EV_k = \begin{cases} p_1 d_{k,k-1}, & \text{冰球位置上升且机器科学家以置信度 } p_1 \text{"相信"冰球位置上升} \\ -p_2 d_{k,k-1}, & \text{冰球位置上升且机器科学家以置信度 } p_2 \text{"相信"冰球位置下降} \\ -p_1 d_{k,k-1}, & \text{冰球位置下降且机器科学家以置信度 } p_1 \text{"相信"冰球位置上升} \\ p_2 d_{k,k-1}, & \text{冰球位置下降且机器科学家以置信度 } p_2 \text{"相信"冰球位置下降} \end{cases}$$

(6.40)

现在我们可以定义 qDT 的适应度函数如下所示:

$$\text{qDT}_{\text{fitness}} = \sum_{k=1}^{n} EV_k$$

(6.41)

$$\text{qDT} = (Y + I)$$

(6.42)

- $S_1 = (Y + I) \rightarrow |a_1\rangle\langle a_1|$

对于这个 qDT, 机器科学家只有一个策略 (S_1), 即 100% 确定冰球的状态始终为 0, 即冰球的路径始终向上(图 6.9).

图 6.9　冰球的状态决策树

$$q'_t = 0 \tag{6.43a}$$

$$
\begin{aligned}
d'_{t,t-1} &= \mathrm{xFT}(t) - \mathrm{xFT}(t-1) \\
&= \left(vt + \frac{1}{2}at^2 \right) - \left[v(t-1) + \frac{1}{2}a\,(t-1)^2 \right] \\
&= v + at - \frac{1}{2}a \tag{6.43b}
\end{aligned}
$$

$$x'_t = x'_{t-1} + d'_{t,t-1} = x'_{t-1} + v + at - \frac{1}{2}a \tag{6.43c}$$

图 6.10 显示机器科学家根据式(6.43)100%精确地重构了冰球运动的轨迹,并且会100%精确地预测冰球未来运动的轨迹.换句话说,根本没有应用微分方程,更没有发明力的概念,我们构建的机器科学家就独立地"发现"了牛顿方程.

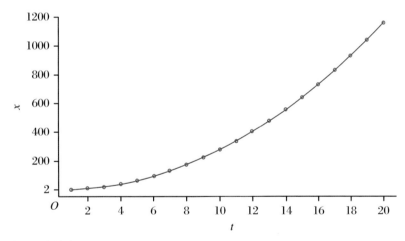

图 6.10　冰球的运动轨迹

　　注:蓝线表示观测的轨迹,红点表示机器科学家计算的轨迹.

4. 量子力学的玻恩规则

1935 年,欧文·薛定谔(Erwin Schrödinger)提出了他的著名的思想实验,涉及一只既死又活的猫,以证明量子物理学是多么荒谬.

把一只猫关在一个封闭的钢盒子里,设有以下装置(必须保护它免受猫的直接干扰):在盖革计数器中,有一小块铀.在 1 小时的过程中,其中一个原子也许会发生衰变,也许不会发生衰变,发生衰变的时间完全是随机的.如果原子衰变了,盖革计数器管会放电并通过继电器启动一个锤子的电子开关,落下的锤子会粉碎一小瓶氢氰酸,猫将被毒死.如果一个人把整个系统留给自己一个小时,人们会说,如果没有原子衰变,猫仍然活着.描述整个系统的波函数将通过将活猫和死猫纠缠在一起来表达这一点.

观察者只能打开盒子才能确定猫是死还是活,否则只能猜测猫的状态.通过将微观世界的原子与宏观世界的猫纠缠在一起,薛定谔提出了一个量子力学正统的哥本哈根解释难以回答的问题:量子世界和经典世界之间的精确边界在哪里?

薛定谔接着声称:

我们看到不确定性根本不是实际意义上的模糊不清,因为总会在一些情况下,易于执行的观察为我们提供了缺失的知识(译者注:比如打开盒子).那么还剩下什么呢?在这种非常艰难的困境中,主流学说通过求助于认识论来拯救自己.我们被告知,自然物体的状态和我们对它的了解之间是没有区别的,或者是更好的.如果我们遇到了麻烦,我们什么都不知道.事实上——正如他们所说——本质上只有意识,观察,测量……很显然最初局限于原子的不确定性转变为宏观不确定性,这个不确定性可以通过直接观察来消除.这使我们无法如此天真地接受用"模糊模型"来代表实在.

许多科学家提出了不同的量子力学解释试图消除薛定谔猫悖论,而关于薛定谔猫的争论仍在激烈进行.盒子里的猫肯定不会同时处于既死又活的叠加状态;猫的状态也不会因为观察者的最后一瞥而"坍缩",更不会同时存在一个活猫的世界和一个死猫的世界(多世界解释).根据现在的量子测量理论,观察者只能用玻恩规则概率性地预测猫的状态(死或活).换句话说,如果不打开盒子进行测量,观察者只能以一定的概率猜测猫是死还是活.

在物理学中,测量是一种收集待观测的物体客观属性的数据的行为.通常,通过将物体观测到的数据与标准单位进行比较来测量,以便测量仪器可以获得与被测物体属性相匹配的观测值;换句话说,测量是通过将观察对象的状态与设备的指针状态相关联以得到物体客观属性的数据的行为.通常由观察者设置一个测量仪器,当测量完成时,测量结果需要由观察者记录和解释.测量的本质是获取被测对象的有价值的信息.

测量过程如图 6.11 所示.

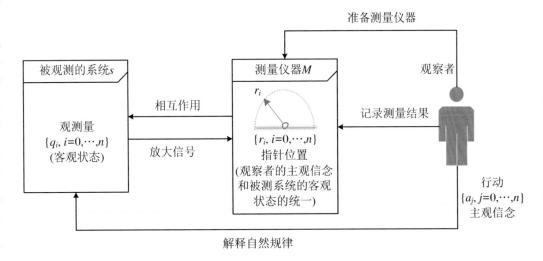

图 6.11　测量过程

一个测量由 3 个主要部分组成:

(1) 被观测系统 $S \rightarrow q_i = \{q_1, \cdots, q_i, \cdots, q_n\}$ 需要测量的可观测量.

(2) 测量仪器 $M \rightarrow r_i = \{r_1, \cdots, r_i, \cdots, r_n\}$ 通过测量仪器和被观测系统的相互作用,指针的状态 $r_i = \{r_1, \cdots, r_i, \cdots, r_n\}$ 将与被观测对象的状态 $q_i = \{q_1, \cdots, q_i, \cdots, q_n\}$ 进行关联,并通过指针位置在仪表盘上显示(放大)观测值.

(3) 观察者 $O \rightarrow$ 准备测量仪器,记录测量结果 $r_i = \{r_1, \cdots, r_i, \cdots, r_n\}$ 并解释观察到的结果的物理意义.如果观察者不"看"测量仪器的仪表盘,他/她可以采取一个主观的行动,即构建一个理论并计算"一个""理论"值以便与实验观测到的值进行比较.换句话说,观察者与自然"赌博",看"猜测"的结果是否正确(与测量结果相比),以便观察者不断积累自己的经验来了解自然.

测量过程如下:

(1) 准备阶段($t = t_0$):观察者把测量仪器的指针状态设置成初始状态.

$$|\psi^M(t_0)\rangle = |r_0\rangle \tag{6.44}$$

(2) 测量阶段($t_0 < t < t_1$):测量仪器与被测系统相互作用并且放大测量到的信号.

① 经典测量:

$$|r_0\rangle \otimes |q_i\rangle \rightarrow |r_i\rangle |q_i\rangle \tag{6.45}$$

② 量子测量:

$$|\psi^{S+M}(t_0)\rangle = |r_0\rangle \otimes (\sum_{i=1}^{n} c_i |q_i\rangle) \rightarrow \sum_{i=1}^{n} c_i |r_i\rangle |q_i\rangle$$

$$= |\psi^{S+M}(t_0 < t < t_1)\rangle \tag{6.46}$$

(3) 观测阶段($t = t_1$):观察者记录测量的结果并且对测量结果进行具有物理意义的解释.

$$|\psi^M(t_1)\rangle = |r_i\rangle, \quad i = 1, \cdots, n \tag{6.47}$$

对于观察者来说,不管是经典测量还是量子测量,最终的测量结果都是显示在仪表盘上的明确指针状态$|r_i\rangle$.不同之处在于,经典测量的结果与观测系统的属性是完全确定的一对一关联(误差可以忽略不计,式(6.45)),而量子测量的结果与观测系统的属性不是完全确定的一对一关联(每个观测到的指针状态$|r_i\rangle$是不确定的,只能以玻恩概率发生,式(6.46)).

(1) 经典测量假设:被观测系统的客观特性与测量无关,不受测量仪器的干扰.被观测系统q_i具有与指针状态r_i对应的确定状态,具有明确的一对一映射,可以通过系统测量进行验证.测量后,可以从测量结果r_i中推断出观察到的系统的属性q_i.经典测量理论没有解释难题,因为测量结果与理论的预测一致.

(2) 量子测量假设:被观测到的量子系统有多种可能的状态$\{q_1, \cdots, q_i, \cdots, q_n\}$,并且有关量子系统的先验信息不完备.由于被观测的量子系统和测量仪器的相互作用"干扰"了彼此的状态,因此测量仪器的指针状态r_i只能以一定的概率指向被观测的量子系统的状态q_i(玻恩规则),因此观察者无法准确推断出量子系统在测量之前"处于"哪个状态($q_i \in \{q_1, \cdots, q_i, \cdots, q_n\}$).所以量子测量难题出现了.

基于上述分析,量子测量存在3个主要待回答的问题:

(1) S量子实在问题:波函数描述了量子实在还是只是一种数学工具? 波函数是对物理实在的完备描述吗?

(2) M量子纠缠问题:指针状态$\{r_1, \cdots, r_i, \cdots, r_n\}$是如何与待观测的量子系统$\{q_1, \cdots, q_i, \cdots, q_n\}$发生"纠缠"的? 量子世界和经典世界之间的精确界限在哪里?

(3) O量子解释问题:对于单次量子测量,没有所谓的客观频率;在这种情况下,对于观察者来说,如何解释量子系统固有的不确定状态? 人类的意识会导致波包的坍缩吗? 还是测量过程根本不需要观察者的存在?

我们不相信人类意识会导致波包坍缩,而且我们认为需要观察者来解释测量结果.对于观察者来说,量子测量的过程就是观察者与自然博弈的过程(自然做出"选择",观察者"押注").换句话说,观察者必须在只有关于自然的不完备信息的条件下做出决策,通过得到奖励和受到惩罚而不断学习.通过这种学习过程,观察者逐渐在记忆中建立自己的关于自然的经验,以便为将来做出更好的决策做准备,由此逐渐了解自然.

这就引出了一个问题:观察者是否有可能仅仅通过利用进化算法来学习观测到的历史数据,并以此发现玻恩规则?

接下来我们将基于达尔文的适者生存原则构建一个机器科学家来描述和解释薛定谔的猫悖论,并由此重新发现玻恩规则.其他成熟的量子理论主要是利用严格的数学结构(薛定谔微分方程 + 量子概率论)来描述和解释薛定谔猫悖论,我们提出的计算模型(机器科学家)通过学习观测到的历史数据,并通过遗传编程来发现自然规律.我们的计算模型强调机器学习,机器科学家通过奖励或惩罚它所做的每个决定来建立经验(知识),并为未来做出更好的决策做准备,并最终通过不断迭代的机器学习重新发现玻恩规则,而无须应用薛定谔微分方程和量子概率.

图 6.12 显示了一个改进的薛定谔猫思想实验,目的是让机器科学家与自然博弈.游戏规则如下:

(1) 一个数字"硬币"将在一小时内被抛出,如果它落在头部(状态是 0),什么都不会发生,灯依旧亮着;如果它落在尾部(状态是 1),则开关将被关闭,灯会熄灭.

(2) 如果灯亮着,并且机器科学家下注灯亮,则机器科学家赢得赌注,否则机器科学家输掉赌注;如果灯熄灭并且机器科学家下注灯熄灭,则机器科学家赢得赌注,否则机器科学家输掉赌注.

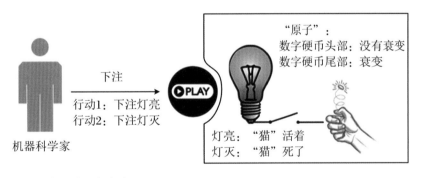

图 6.12　改进的薛定谔猫思想实验

修改后的薛定谔猫思想实验的时间序列 $\{(q_k, x_k)\}$ 可以由机器科学家生成.数据生成算法很简单:如果原子衰变(状态 $q_k = 0$),则观测值 x_k 加 1;如果原子没有衰变(状态 $q_k = 1$),则观测值 x_k 减 1.该程序将随机生成 20 个结果,如表 6.4 所示.

$$\{(q_k, x_k)\}, \quad k = 1, \cdots, N \tag{6.48}$$

$$x_{k=0} = 0 \tag{6.49a}$$

$$x_{k+1} = x_k + \begin{cases} -1, & \text{如果原子"衰变"} \\ 1, & \text{如果原子没有"衰变"} \end{cases}, \quad k = 1, \cdots, N \tag{6.49b}$$

其中 q_k 表示"猫"的状态,0 表示"猫"活着,1 表示"猫"死了;x_k 表示"猫"在 k 点的观测值.

表 6.4 薛定谔猫的数据序列

状态	观测值
1	−1
0	0
0	1
1	0
0	1
1	0
1	−1
0	0
0	1
0	2
0	3
1	2
1	1
0	2
1	1
1	0
0	1
1	0
1	−1
0	0

机器科学家将利用我们提出的量子决策理论对表 6.4 中的数据序列进行机器学习,这里根本不需要定义波函数的概念,也不需要薛定谔方程,机器科学家就能够重新发现玻恩规则.

5. 薛定谔猫的观测值函数树（xFT）

薛定谔猫的观测值 x_k 可以由 xFT 来模拟. xFT 的操作集 F 和数据集 T 如下：

（1）操作集 $F = \{ + , - , * , / \}$.

（2）数据集 $T = \{ t , d , av , h , l \}$.

其中 t 表示第 t 次观测，d 表示两次观测之间的差值（两点之间的绝对"距离"），av 表示平均值，h 表示最大值，l 表示最小值.

xFT 是操作集 F 和数据集 T 的函数：

$$\text{xFT} = f(F, T) \tag{6.50}$$

我们定义对薛定谔猫两次观测之间的绝对"距离"如下：

$$d_{t,t-1} = |x_t - x_{t-1}| \tag{6.51}$$

这样机器科学家就可以通过 xFT 来计算薛定谔猫两次观测之间的绝对距离：

$$d'_{t,t-1} = f(F, \{ t, d, av, h, l \}) - f(F, \{ t-1, d, av, h, l \}) \tag{6.52}$$

现在我们可以定义 xFT 的适应度函数如下所示：

$$\text{xFT}_{\text{fitness}} = - \sum_{t=1}^{n} (d'_{t,t-1} - d_{t,t-1})^2 \tag{6.53}$$

机器科学家通过利用上面的适应度函数不断学习历史数据就可能进化出一个"满意"的 xFT 来模拟薛定谔猫的连续变化的观测值，如图 6.13 所示.

图 6.13　薛定谔猫的观测值函数树

相应的薛定谔猫的 xFT 和两次观测之间的绝对距离表示如下：

$$\text{xFT} = d + t \tag{6.54}$$

$$d_{t,t-1} = |x_t - x_{t-1}| = (d + t) - (d + t - 1) = 1 \tag{6.55}$$

虽然薛定谔猫的状态在随机变化（猫可能活着也可能死去），但是薛定谔猫的两次观测之间的绝对"距离"随时间的运动是一个完全确定的过程，绝对"距离" $d_{t,t-1}$ 总是 1. 很明显机器科学家通过学习历史数据找到了这个满意的 xFT.

6. 薛定谔猫的状态决策树(qDT)

薛定谔猫的状态可以用所有可能状态的叠加来表示:

$$|\psi\rangle = c_1 |q_1\rangle + c_2 |q_2\rangle \tag{6.56}$$

其中 $|q_1\rangle$ 表示薛定谔猫处于活着的状态(0), $|q_2\rangle$ 表示薛定谔猫处于死了的状态(1). $|c_1|^2$ 表示薛定谔猫处于活着状态 $|q_1\rangle$ 的客观频率, $|c_2|^2$ 表示薛定谔猫处于死了的状态 $|q_2\rangle$ 的客观频率.

如果不打开盒子,机器科学家不会知道猫是活还是死,所以机器科学家只能主观地选择一个"行动",即猜测猫是活的或猜测猫是死的.根据三方模型(tripartite model),一个人对事件 E 可以有 3 种态度:相信 E 会发生,不相信 E 会发生,还没有决定 E 是否会发生.我们假设,当机器科学家犹豫不决时,它的心理状态可以用所有可能行动的叠加来表示:

$$|\varphi\rangle = \mu_1 |a_1\rangle + \mu_2 |a_2\rangle \tag{6.57}$$

其中 $|a_1\rangle$ 表示机器科学家相信猫还活着, $|a_2\rangle$ 表示机器科学家相信猫已经死了, $p_1 = |\mu_1|^2$ 表示机器科学家选择行动 $|a_1\rangle$ 的主观信念(主观概率), $p_2 = |\mu_2|^2$ 表示机器科学家选择行动 $|a_2\rangle$ 的主观信念(主观概率).机器科学家决策("下注")的结果取决于猫的状态和机器科学家采取的行动.换句话说,机器科学家采取的不同行动将导致不同的结果(猜对或猜错),如果猜对了机器科学家将得到奖励,猜错则受到惩罚.机器科学家正是通过不断学习"下注"后的结果(奖励或惩罚)来建立它的经验的.

机器科学家在下注之前获得的关于薛定谔猫的信息是有限的,从某种意义上说,基本上是不完备的,这迫使机器科学家基本上只能"下注".在机器科学家做出决定之前,它的决策状态处于纯态,一种叠加状态,它可以决定是否同时选择相信猫既活着又死去.但实际上,机器科学家无法同时下注猫既活着又死去.这种纯态是猫既活着又死去在机器科学家的"脑"中的叠加.当机器科学家做出最终决策时,机器科学家的决策状态就会从纯态转变为混合态,即它以一定程度的概率决定采取相信猫活着或者相信猫死去的行动.基本上,这种转换是机器科学家从可选择的行动中选择某一个行动,以概率 p_1 采取 a_1(相信猫还活着),以概率 p_2 采取 a_2(相信猫已经死了).

下注过程:

$$\rho = |\varphi\rangle\langle\varphi| \xrightarrow{\text{决策}} \rho' = p_1 |a_1\rangle\langle a_1| + p_2 |a_2\rangle\langle a_2| \tag{6.58}$$

对于 qDT,操作集 F 和数据集 T 如下所示:

(1) 操作集 $F = \{ +, *, \| \}$.

(2) 数据集 $T = \{H, X, Y, Z, S, D, T, I\}$.

其中 H, X, Y, Z, S, D, T, I 是 8 个基本量子门(2×2 矩阵). qDT 是由操作集 F 和数据集 T 组成的状态决策树,它确定薛定谔猫的状态并计算薛定谔猫在不同时间的观测值. 这样 qDT 就可以"计算"出薛定谔猫的状态 q'_t 和观测值 x'_t,并和薛定谔猫实际观测的状态和观测值进行比较.

$$q'_t = \mathrm{qDT}(F, T) = \begin{cases} 0, & \text{机器科学家"相信"薛定谔猫的状态是活着 } 0(\text{信念度是 } p_1) \\ 1, & \text{机器科学家"相信"薛定谔猫的状态是死去 } 1(\text{信念度是 } p_2) \end{cases}$$

(6.59a)

$$x'_t = \begin{cases} x'_{t-1} + d'_{t, t-1}, & \text{若 } q'_t = 0 \\ x'_{t-1} - d'_{t, t-1}, & \text{若 } q'_t = 1 \end{cases}$$

(6.59b)

机器科学家可以通过利用期望值作为适应度函数来优化 qDT. 让 qDT 经历迭代演化循环的整个想法就是通过学习历史数据来找到一个令人满意的 qDT,以获得最优解. 学习规则如下:

(1) 如果薛定谔猫的状态是活着 q_1.

① 如果机器科学家"下注"薛定谔猫状态是活着 q_1,机器科学家获利;

② 如果机器科学家"下注"薛定谔猫状态是死了 q_2,机器科学家亏损.

(2) 如果薛定谔猫的状态是死了 q_2.

① 如果机器科学家"下注"薛定谔猫状态是死了 q_2,机器科学家获利;

② 如果机器科学家"下注"薛定谔猫状态是活着 q_1,机器科学家亏损.

机器科学家进行机器学习得到的第 k 个期望值为

$$EV_k = \begin{cases} p_1, & \text{猫活着并且机器科学家以置信度 } p_1 \text{"相信"猫活着} \\ -p_2, & \text{猫活着并且机器科学家以置信度 } p_2 \text{"相信"猫死了} \\ -p_1, & \text{猫死了并且机器科学家以置信度 } p_1 \text{"相信"猫活着} \\ p_2, & \text{猫死了并且机器科学家以置信度 } p_2 \text{"相信"猫死了} \end{cases}$$

(6.60)

现在我们可以定义 qDT 的适应度函数如下所示:

$$\mathrm{qDT}_{\mathrm{fitness}} = \sum_{k=1}^{n} EV_k$$

(6.61)

$$\mathrm{qDT} = [S + (\{(I \| X) * [(D \| Z) * T]\} * T)]$$

(6.62)

- $S_1 = \{S + [I * (Z * T)] * T\} \to \hat{\rho} = |a_1\rangle\langle a_1|$
- $S_2 = \{S + [X * (D * T)] * T\} \to \hat{\rho} = |a_2\rangle\langle a_2|$

- $S_3 = \{S + [I * (D * T)] * T\} \rightarrow \hat{\rho} = 0.55|a_1\rangle\langle a_1| + 0.45|a_2\rangle\langle a_2|$
- $S_4 = \{S + [X * (Z * T)] * T\} \rightarrow \hat{\rho} = 0.55|a_1\rangle\langle a_1| + 0.45|a_2\rangle\langle a_2|$

对于机器科学家来说,这个 qDT 提供了 4 种策略 $\{S_1, S_2, S_3, S_4\}$,机器科学家可以从这 4 种策略中随机选择 1 种策略,并应用这个策略来指导机器科学家下注(当然以一定的主观信念).如果选择策略 S_1,则机器科学家 100% 确定猫活着;如果选择策略 S_2,则机器科学家 100% 确定猫死了;如果选择了策略 S_3 或 S_4,则机器科学家以 55% 置信度下注猫活着,或者机器科学家以 45% 置信度下注猫死了.薛定谔猫的状态决策树如图 6.14 所示.

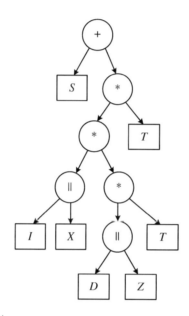

图 6.14 薛定谔猫的状态决策树

xFT 已经精确地得到了薛定谔猫两个观测点之间的绝对距离为 1.结合 qDT 和 xFT,机器科学家可以 100% 准确地"重构"薛定谔猫的观测值"轨迹"(如图 6.15 所示),但只能对薛定谔猫的未来状态和"轨迹"做出 50% 概率的预测,可见机器科学家独立"发现"了玻恩规则.换句话说,根本没有应用薛定谔方程,更没有发明波函数的概念,机器科学家就独立地"发现"了玻恩规则.

$$q_2' = \begin{cases} 0, & \text{如果选择了 } S_1 \text{ 或 } S_3 \mid S_4 \text{ 并执行行动 } a_1 \\ 1, & \text{如果选择了 } S_2 \text{ 或 } S_3 \mid S_4 \text{ 并执行行动 } a_2 \end{cases} \tag{6.63a}$$

$$d_{t,t-1}' = 1 \tag{6.63b}$$

$$x_t' = \begin{cases} x_{t-1}' + 1, & \text{若 } q_t' = 0 \\ x_{t-1}' - 1, & \text{若 } q_t' = 1 \end{cases} \tag{6.63c}$$

$$q'_{n+1} = \begin{cases} 0, & \text{如果选择了策略 } S_1 \text{ 或 } S_3 \mid S_4 \text{ 并执行行动 } a_1 \\ 1, & \text{如果选择了策略 } S_2 \text{ 或 } S_3 \mid S_4 \text{ 并执行行动 } a_2 \end{cases} \tag{6.63d}$$

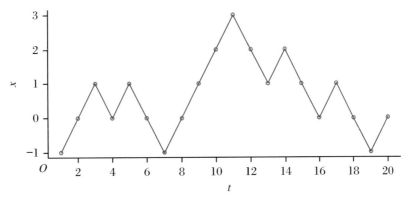

图 6.15 薛定谔猫的轨迹

注:蓝线表示观测的轨迹,红点表示机器科学家计算的轨迹.

6.3.3 关于科学发现的讨论

主流科学研究通过定义一些基本概念(力、场、波函数等)来解释自然现象,其目的就是找到严格的数学模型并准确地描述自然.主流科学研究的终极目标就是找到一个大一统的终极理论来描述和解释观测到的自然现象.大卫·希尔伯特无疑是一位伟大的数学家,他在 1900 年巴黎第二届国际数学家大会上提出的 23 个最重要的数学问题(希尔伯特问题)极大地推动了科学的发展.大卫·希尔伯特坚信存在一个独立于我们的客观世界,而我们的主观意识(信念)通过学习客观世界,终将发现一个由优美的数学方程描述的关于自然规律的终极理论.在一次演讲中,大卫·希尔伯特更是信心满满地宣称:"我们必须知道,我们终将知道."大卫·希尔伯特的梦想很快就被打破了.哥德尔的不完备定理和图灵的停机问题暗示了终极理论的不可能性(一个处于封闭系统内的人不可能找到关于此封闭系统的完备的终极理论).

我们生活在其中的现实世界是一个真实的世界(由时间和空间构成);公理化的概率的引入,实际上在我们的生活中引入了一个虚拟的世界(由可能性构成);这样概率就在真实的世界和虚拟的世界之间划出了一个边界,问题是我们不知道真实世界和虚拟世界的确切的边界在哪里.夸大的说法就是公理化的概率把科学发现引入了歧途,我们离真实世界越来越远而进入了我们自己创造的虚拟世界却不自知.

真实的世界是一个客观的世界,虚拟的世界是一个主观的世界.过去的科学发现假定客观世界独立于我们的主观世界,并且不因主观世界而改变.我们认为理论是客观世界和主观世界的统一(基于可观测的数据).我们的量子决策理论正是通过学习历史数据而构建关于客观世界的理论,但这个理论受到我们主观经验(知识)的约束,只有通过与自然的不断博弈而不断发展.

与传统的构建具有严格数学结构的理论的方法的不同之处在于,我们的方法强调机器学习,机器科学家通过应用进化算法来学习历史数据并构建理论以描述、预测和理解自然,从而发现自然规律.机器科学家从观测的数据中获取有用的信息,并以此构建科学理论.换句话说,理论本身只是为了获得关于自然的有价值的信息.终极理论就是机器科学家能够获得关于自然的所有有价值的信息,但哥德尔不完备性定理和图灵停机问题暗示了终极理论的不可能性.科学理论应该是客观存在(自然)和主观信念(观察者)的统一,并通过不断的进化加以改进.

我们关于自然的知识是观察者从对自然的直接观察中学习来的,但是知识本身不是客观实在.正如玻尔兹曼在100年前所指出的:

> 我们在大脑勾画出自然的图画,作为我们关于自然的经验……我把理论称为纯粹的内在的主观信念……思想的演变是连续跳跃发生的,就像生物进化一样.在大脑中关于自然的图像在几个世纪的进化中趋于完美,这与达尔文进化论是一致的.因此,它们作为经验的代表慢慢发展……当达尔文的假说不仅能够描述而且可以解释生物形式和现象时,被称为描述性的科学开始取得胜利.几乎在同一时间,物理学奇怪地转向了相反的方向……正如赫兹相当有特色地指出的那样,科学发现只是用简单的方程来表示直接观察到的现象,而没有我们的想象力赋予它们的假设的丰富多彩的包装……微分方程显然只不过是构成数值和几何概念的规则,而这些又只不过是可以从我们的经验去预测自然的主观信念.

结语

　　随着科学技术的深入发展,目前人们已经认识到不确定性不但是客观世界的基本属性,而且不确定性在形成客观世界的复杂性和产生新结构、新功能中,发挥着根本性作用.对于不确定性本质和作用的研究,属于自然科学和社会科学的交叉领域,是科学发展的新的生长点,有着广泛的应用前景.我们以不确定性决策问题为具体对象,利用量子理论的思想和方法,深入研究了决策问题中的不确定性的本质和作用,发展了不确定性决策理论,我们所取得的主要成果如下:

　　(1)量子理论在微观量子系统中所形成的基本思想和方法,已成为新的科学思想和具有普适性的数学物理方法.当我们利用量子理论的思想和方法构建不确定性决策的量子理论和算法时,并不是从本体论出发,认为不确定性决策系统也具有量子系统的属性,而是从认识论和方法论角度,认为量子理论所给出的是新的科学思想和数学工具,可以成为完善和发展不确定性决策理论的一个新的生长点.

　　我们利用量子态波函数定量表示了不确定性决策问题,波函数的本质表明,它对不确定性的描述是完整的,即波函数所承载的信息可以完整地描述相关问题的不确定性,不需要再附加另外一些描述不确定性的参量的数据或信息,而在不确定性的决策的经典理论中,除了随机变量或模糊变量所承载的信息以外,还要给定概率分布或隶属度分布等不确定性程度的度量数据.通常这些参量都是采取一些方法估算出来的,具有一定的主观性,这是不确定性决策经典理论难以克服的固有问题.在我们的理论中,由于采用波函数完整地描述了实际问题的不确定性,从而提高了其客观性和可靠性.

在不确定性决策的经典理论中,对客观环境的不确定性和决策者认知过程的不确定性采用了不同的描述形式,不利于二者之间相互关联的描述.在我们的决策理论中,由于客观环境的状态空间和决策者的策略空间都居于希尔伯特空间,即具有相同的数学性质,只是具有不同的物理内涵,从而利用波函数统一描述了不确定性决策问题的状态空间和策略空间,从而有利于构建从状态空间和策略空间到其共同决策结果的映射关系,决策过程可以表示为决策者的策略空间从纯态到混合态的转换.主客观双重不确定性条件下,价值函数的构建,从而为构建主客观相统一的完整的不确定性决策理论,迈出重要一步.

量子密度算符本质是一种投影算符,通过它可以把不确定性决策问题的状态空间和策略空间关联在一起,共同决定决策结果.我们利用量子密度算符方法,引入了量子价值算符和量子价值期望值的概念,并构建了它们的具体表达式.利用它们定量表达了由决策环境和决策者共同决定的决策结果的价值.基于量子价值算符的性质和作用,我们进一步构建出不确定性决策问题的量子决策表,它是经典决策表的量子化,它所给出的信息不但比经典决策表更充分,而且所给出的决策结果更加客观和全面.显然,我们的工作是对不确定性决策问题的经典效用函数的发展.

在我们的不确定性决策的量子理论中,从初始量子态到目标量子态的有序策略集合是由量子门操作构成的,这些量子门在决策过程中按照层次化和结构化的方式,对量子态所承载的信息进行加工处理,并给出最后的决策结果.我们称由量子门和运算符构成的这种层次化和结构化的树为量子决策树.量子决策树的本质是不确定性决策问题的计算程序,它是不确定性决策问题的动态演化规律的一种表达方式.显然,量子决策树是对不确定性决策经典理论中利用动力学方程表达式决策规律的发展,更加具有普适性的算法.

(2) 不确定性决策过程本质上是不完全信息的流动和再生的动态过程,以及决策者和环境空间以适应性关系相互关联和相互作用的过程,这种适应性的关联作用是通过决策者的学习过程实现的.因此,不确定性决策过程具有自组织、自适应和自学习的演化特性.据此,我们把遗传编程算法引入不确定性决策的量子理论和算法中,构建出量子遗传编程算法.利用量子遗传编程算法,可以给出不确定性决策问题的量子决策树的具体表达式.利用量子遗传编程算法获取不确定性决策问题的量子决策树的过程本质上是一种进化过程.也就是说,它是在对不确定性决策问题的所可能的量子决策树表达式构成的计算程序空间中,在给定不确定性决策实际问题的适应度函数的导引下,通过选择、交叉和变异的遗传操作,不断选择和再生有利于决策目标实现的量子决策树,从而通过不断进化,获取到对不确定性决策问题的最优的量子决策树的表达形式.

至今为止的所有不确定性决策理论,无论是经典理论还是量子理论,都追求用动力学方程的数学形式来表达不确定性决策的规律,而这种规律绝大多数是通过对大量不确定性决策的实践的归纳分析而获得的,或者通过在不确定性约束条件下,对不确定性决策问题的效用函数等状态函数,求极值的变分运算,从而从理论上获得.显然,这些获取不确定性决策规律的方法,是比较个性化的,缺少普适性.我们利用量子遗传编程算法,所获取的不确定性决策规律的量子决策树表达形式,不但具有普适性和明确的物理机制,不再是"黑箱"操作,而且获取量子决策树的方法,不是个性的而是普适性的方法,不是状态函数求极值的变分法,而是通过进化过程,获取最优表达式的方法,这是对不确定性决策理论的完善和发展,而且是一条新的发展思路.

(3)在量子遗传编程算法的基础上,我们进一步构建了从大数据中发现不确定性决策规律的进化算法.无论是自然界还是人类社会的实体,它们随着时间的变化规律都可以用时间序列的数据形式来描述.我们引入状态决策树和可观测值函数树来分别表达在时间序列中每一点上状态参量和观测值的算法.状态决策树是一种逻辑树,即利用"是与否"或"上升与下降"等逻辑值来表达实体的动态变化的状态参量值.例如,金融市场价格时间序列曲线上每一点的状态是"上涨"还是"下降"的状态.可观测值函数树是一种数值树,描述时间序列曲线上每一点的观测值.例如,金融市场价格时间序列曲线上,每一点的收盘价.利用状态决策树和可观测值函数树的具体算法,可以重构实体的时间序列曲线.显然,由状态决策树和可观测值函数树的两种算法计算出来的状态值和可观测值能够与实体的实际状态值和可观测值匹配,并且能预测下一个时间点的结果,才是满足要求的算法.为了获得符合这种要求的状态决策树算法和可观测值函数树算法的具体表达形式,我们进一步利用遗传编程来进化出它们的算法.可观测值函数树,作为经典的遗传编程算法中的个体,其算法的表达形式由经典遗传编程算法进化得到.对于状态决策树算法的具体表达形式,我们利用量子遗传编程算法进化得到,这是因为实体的状态影响决策者的行动,而决策者的行动又决定实体的状态,客观和主观之间的这种相互作用是导致决策结果不确定性的根本原因,显然只有量子理论中的希尔伯特空间数学工具才能统一描述二者及其相互关联的作用.

我们所构建的量子进化算法与传统的构建具有严格数学结构的理论方法不同,仅通过机器学习观察历史数据,从而发现其中的规律.而且,决策者做出的每个决定将得到奖励或者受到惩罚,从而使决策者能够积累到宝贵的经验,并为将来做出更好的决策做好准备,显然,这更加符合现实世界中的决策者的决策过程.由此可见,时间序列可视为自然对决策者提出的一系列问题,而决策者需要根据观察到的时间序列来理解自然,并做出相应的决定,实质上,这是决策者在和自然进行博弈.

综上所述,我们构建了一个从客观实际数据出发,发现不确定性决策过程规律的完整的较为普适性的量子理论和算法.我们已把这个理论和算法应用到金融市场中,理论计算出来的价格时间序列曲线与实际价格曲线拟合得非常好,并利用理论预测能力,实现了一个机器交易员系统,其实践结果也较好.从更一般的意义上来看,我们所构建的量子理论和算法,也可用于更广泛领域的科学规律的发现,我们已把它应用到了力学和量子力学领域的基本规律的发现,取得很好的效果,验证了其发现科学规律的能力,我们坚信只要有足够的真实的新的客观数据,也可从中发现它所包含的未知的科学规律.我们将在不断扩展其实际应用中,不断完善发展我们的理论和算法,使其在探索不确定性决策基本规律和普适性科学发现方法中,发挥更大作用.

参考文献

［1］ 韩东,熊德文.概率论[M].北京:科学出版社,2019.

［2］ 周华任,马亚平.随机运筹学[M].北京:清华大学出版社,2012.

［3］ 岳超源.决策理论与方法[M].北京:科学出版社,2003.

［4］ 刘宝碇,赵瑞清,王纲.不确定规划及应用[M].北京:清华大学出版社,2003.

［5］ 刘宝碇,赵瑞清.随机规划与模糊规划[M].北京:清华大学出版社,1998.

［6］ 李荣钧.模糊多准则决策理论与应用[M].北京:科学出版社,2002.

［7］ 张文修,仇国芳.基于粗糙集的不确定性决策[M].北京:清华大学出版社,2005.

［8］ 杨善林,倪志伟.机器学习与智能决策支持系统[M].北京:科学出版社,2003.

［9］ 井孝功,郑仰东.高等量子力学[M].哈尔滨:哈尔滨工业大学出版社,2012.

［10］ 张登玉.量子逻辑门与量子退相干[M].北京:科学出版社,2013.

［11］ 赖欣巴哈.量子力学的哲学基础[M].侯德彭,译.北京:商务印书馆,2015.

［12］ 郭志华.量子关联及其动力学性质[M].北京:科学出版社,2019.

［13］ Neumann,Morgenstern. Theory of Games and Economic Behavior[M]. Princeton: Princeton University Press,1944.

[14] Savage. The Foundations of Statistics Savage[M]. New York: Dover Publication Inc., 1954.

[15] Binmore. Rational Decisions[M]. Princeton: Princeton University Press, 2009.

[16] Allais, Hagen. Expected Utility Hypotheses and the Allais Paradox[M]. Dordrecht: Reidel Publishing Company, 1979.

[17] Ellsberg. Risk, Ambiguity and The Savage Axioms[J]. Quarterly Journal of Economics, 1961 (75): 643-669.

[18] Kahneman, Tversky. Prospect Theory: An Analysis of Decision under Risk[J]. Econemetrica, 1979(47): 263-292.

[19] Simon. Reason in Human Affairs[M] Stanford: Stanford University Press, 1983.

[20] Xin L, Xin H. Decision Making Under Uncertainty: A Quantum Value Operator Approach [J]. International Journal of Theoretical Physics, 2023(62): 48.

[21] Ashtiani, Azgomi. A Survey of Quantum Like Approaches to Decision Making and Cognition [J]. Math Social Sciences, 2015(75): 49-80.

[22] Busemeyer, Bruza. Quantum Models of Cognition and Decision[M]. Cambridge: Cambridge University Press, 2012.

[23] Haven, Khrennikov. Quantum Social Science [M]. Cambridge: Cambridge University Press, 2013.

[24] Aerts D, Aerts S. Applications of Quantum Statistics in Psychological Studies of Decision Processes[J]. Foundations of Science, 1995(1): 85-97.

[25] Aerts, Sozzo, Gabora, et al. Quantum Structure in Cognition: Fundamentals and Applications [J]. Math Psychol, 2009, 53(5): 314-348.

[26] Busemeyer, Jerome, Franco, et al. What is the Evidence for Quantum Like Interference Effects in Human Judgments and Decision Behavior? [J]. Neuro Quantology, 2010(8).

[27] Busemeyer, Franco, Pothos. Quantum Probability Explanations for Probability Judgment Errors[J]. Psychological Review, 2010(118): 193.

[28] Wang, Busemeyer. A Quantum Question Order Model Supported by Empirical Tests of an A Priori and Precise Prediction[J]. Topics in Cognitive Science, 2013(5): 689-710.

[29] Khrennikov, Basieva, Dzhafarov, et al. Quantum Models for Psychological Measurements: An Unsolved Problem[J]. PLOS ONE, 2014(9): 10.

[30] Asano, Basieva, Khrennikov, et al. A Quantum Like Model of Selection Behavior[J]. Journal of Mathematical Economics, 2017(78): 2-12.

[31] Basieva, Khrennikova, Pothos, et al. Quantum-like Model of Subjective Expected Utility[J]. Journal of Mathematical Economics, 2018, 78(C): 150-162.

[32] Ozawa, Khrennikov. Application of Theory of Quantum Instruments to Psychology: Combination of Question Order Effect With Response Replicability Effect[J]. Entropy, 2019(22).

[33] Ozawa, Khrennikov. Modeling Combination of Question Order Effect, Response Replicability Effect, and QQ-equality with Quantum Instruments[J]. Journal of Mathematical Economics, 2021(100): 102491.

[34] Yukalov, Sornette. Physics of Risk and Uncertainty in Quantum Decision Making[J]. European Physical Journal: B, 2009(71): 533-548.

[35] Yukalov, Sornette. Quantum Probabilities as Behavioral Probabilities[J]. Entropy, 2017 (19): 112.

[36] Yukalov. Evolutionary Processes in Quantum Decision Theory[J]. Entropy, 2020(22): 681.

[37] Holland. Adaptation in Natural and Artificial Systems[M]. Michigan: University of Michigan Press, 1975.

[38] Goldberg. Genetic Algorithms in Search, Optimization and Machine Learning[M]. New York: Addison Wesley Publishing Company, 1989.

[39] Koza. Genetic Programming, on the Programming of Computers by Means of Natural Selection [M]. Cambridge, MA: MIT Press, 1992.

[40] Koza. Genetic programming Ⅱ, Automatic Discovery of Reusable Programs[M]. Cambridge, MA: MIT Press, 1994.

[41] Nielsen, Chuang. Quantum Computation and Quantum Information[M]. Cambridge: Cambridge University Press, 2000.

[42] Benenti, Casati, Strini. Principles of Quantum Computation and Information Ⅰ [M]. Singapore: World Scientific Publishing, 2004.

[43] von Neumann. Mathematical Foundations of Quantum Theory[M]. Princeton, NJ: Princeton University Press, 1932.

[44] Dirac. The Principles of Quantum Mechanics[M]. Oxford: Oxford University Press, 1958.

[45] Heisenberg. The Physical Principles of the Quantum Theory[M]. Chicago, IL: The University of Chicago Press, 1930.

[46] Wheeler, Zurek. Quantum Theory and Measurement[M]. Princeton, NJ: Princeton University Press, 1983.

[47] Everett. Relative State Formulation of Quantum Mechanics[J]. Reviews of Modern Physics, 1957, 29(454): 62.

[48] Zurek. Decoherence, Einselection, and the Quantum Origins of the Classical[J]. Reviews of Modern Physics, 2003(75): 715.

[49] Popper. Quantum Mechanics Without "the Observer"[M]// Mario Bunge (ed.). Quantum Theory and Reality. New York: Springer, 1967: 1-12.

[50] van Fraassen. Hidden Variables and the Modal Interpretation of Quantum Statistics[J]. Synthese, 1979, 42(65): 155.

[51] Fuchs, Schack. Quantum-Bayesian Coherence[J]. Reviews of Modern Physics, 2013(85): 1693.

[52] Mittelstaedt. The Interpretation of Quantum Mechanics and the Measurement Process[M]. Cambridge: Cambridge University Press, 1998.

[53] Omnes. The Interpretation of Quantum Mechanics[M]. Princeton, NJ: Princeton University Press, 1994.

[54] Bub, Jeffrey. Interpreting the Quantum World[M]. Cambridge: Cambridge University Press, 1997.

[55] Baggott, Jim. Beyond Measure: Modern Physics, Philosophy, and the Meaning of Quantum Theory[M]. Oxford: Oxford University Press, 2004.

[56] Healey, Hellman. Quantum Measurement: Beyond Paradox[M]. Minneapolis, MN: University of Minnesota Press, 1998.

[57] Bunge. Quantum Theory and Reality[M]. New York: Springer, 1967.

[58] Maudlin. Philosophy of Physics: Quantum Theory[M]. Princeton, NJ: Princeton University Press, 2019.

[59] Albert. Quantum Mechanics and Experience[M]. Cambridge, MA: Harvard University Press, 1992.

[60] Boltzmann, Mcguinness. Theoretical Physics and Philosophical Problems: Selected Writings [M]. Boston, MA: Reidel Publishing Company, 1974.